高等职业教育土建类"十四五"规划教材

JIANZHU
ZHITU

建筑制图

U0278955

主 编 朱廷祥 张雪梅 朱 豫

副主编 梁 叙 朱冀湘 马 越

　　　 高 晓 张 琰 王海银

　　　 张丹宁 秦 磊 徐云云

华中科技大学出版社

http://www.hustp.com

中国·武汉

内 容 简 介

　　本书是依据我国现行的规程规范,结合高职院校学生实际能力和就业特点,根据教学大纲及培养技术应用型人才的总目标编写的。本书充分总结教学与实践经验,对基本理论的讲授以应用为目的,教学内容以必需、够用为度,突出实训、实例,紧跟时代和行业发展步伐,力求体现高职高专教育注重职业能力培养的特点。

　　本教材共分9个项目,内容包括制图基本知识,投影的基础知识,点、线、面的投影,立体的投影,轴测投影,剖面图和断面图,建筑施工图,结构施工图,装饰施工图等。

　　为了方便教学,本书还配有教学课件等教学资源包,可以登录"我们爱读书"网(www.ibook4us.com)浏览,或者发邮件至 husttujian@163.com 索取。本书图文并茂、深入浅出、简繁得当,可作为高职高专院校土木建筑大类相关专业教材使用,亦可供工程技术人员参考借鉴,还可作为成人教育、函授教育、网络教育、自学考试等的参考用书使用。

图书在版编目(CIP)数据

建筑制图/朱廷祥,张雪梅,朱豫主编. —武汉:华中科技大学出版社,2021.8
ISBN 978-7-5680-7361-5

Ⅰ.①建… Ⅱ.①朱… ②张… ③朱… Ⅲ.①建筑制图-高等职业教育-教材 Ⅳ.①TU204

中国版本图书馆 CIP 数据核字(2021)第 166337 号

建筑制图
Jianzhu Zhitu

朱廷祥　张雪梅　朱　豫　主编

策划编辑:康　序
责任编辑:康　序
封面设计:孢　子
责任监印:朱　玢
出版发行:华中科技大学出版社(中国·武汉)　　　电话:(027)81321913
　　　　　武汉市东湖新技术开发区华工科技园　　　邮编:430223
录　　排:武汉三月禾文化传播有限公司
印　　刷:武汉市籍缘印刷厂
开　　本:787mm×1092mm　1/16
印　　张:14.5
字　　数:373千字
版　　次:2021年8月第1版第1次印刷
定　　价:48.00元

前言

        ⚬   ○   ○

  本书是在总结高等职业技术教育经验的基础上，结合高等职业教育的教学特点和专业需要，按照国家颁布的现行有关制图标准、规范和规程的要求以及本课程的教学规律进行设计和编写的。"建筑制图"是高职高专土木建筑大类相关专业的专业基础课程之一，也是一门实践性和综合性较强的课程。课后习题和实训作业是实践性教学环节的重要内容，是帮助学生理解、巩固基础理论和基本知识，训练基本技能，了解建筑制图标准，提高识读建筑施工图纸能力的最好途径。本书在编写过程中以"学"为中心，以"培养职业技能和提高综合素质"为目的的指导思想，做到基础理论以应用为目的，以实用为导向，以讲解概念、强化应用为重点，将基础理论知识与工程实践应用紧密联系起来。

  在建筑工程中，无论是高楼大厦，还是简单的房屋，都要根据设计完善的图纸进行施工。这是因为建筑物的形状、大小、结构、设备、装修等，都不能用语言或文字完全描述清楚。所以，图纸是建筑工程不可缺少的重要技术资料，被称为工程界的技术语言。

  "建筑制图"课程是土木建筑大类专业必修的技术基础课，是研究绘制和阅读工程图、研究在平面上解决空间几何问题的理论和方法的学科。在学习过程中学生能够培养制图技能和空间想象能力、空间构思能力。

  本课程的内容包括画法几何、制图基础、专业制图。具体要到达到的学习目的如下：

  （1）学习各种投影法，其中主要的是正投影法的基本理论及其应用；

  （2）培养表达、阅读和绘制工程图样的能力；

  （3）培养空间想象力和空间几何问题的图解能力；

  （4）培养认真负责的工作态度和严谨求实、一丝不苟的工作作风。

  针对高等职业教育的特点，在本书编写过程中，我们遵循基础理论教学以应用为目的，以必需、够用为度的原则。对于一些纯理论的几何内容及与专业无关的内容或与高等职业教育培养目标不相符的内容进行了大胆的舍弃，同时加强了与专业关系密切的内容的力度。针对高等职业教育的特点，在书中都插入了与投影图相配的形象逼真的立体图，用于培养学生空间想象和空间思维能力。读图能力的培养一直以来都是制图教学的难点与重点，针对这一情况，在书中我们以大量的实例对学生读图中遇到的问题进行详细的讲解。

  本书共分9个项目，内容包括制图基本知识，投影的基础知识，点、线、面的投影，立体的投影，轴测投影，剖面图和断面图，建筑施工图，结构施工图，装饰施工图等。

  本书由湖北国土资源职业学院朱廷祥、湖北国土资源职业学院张雪梅、中国科学院大学温州研究院朱豫担任主编，由湖北国土资源职业学院梁叙、江苏集萃智能集成电路设计技术研究所有限公司朱冀湘，湖北国土资源职业学院马越、高晓、张琰，北京东方华太建设监理有限公司王海银，四川城市职业学院张丹宁，湖北国土资源职业学院秦磊和徐云云担任副主编。

  为了方便教学，本书还配有教学课件等教学资源包，可以登录"我们爱读书"网（www.ibook4us.com）浏览，或者发邮件至 husttujian@163.com 索取。限于编写人员的水平，书中不免有不足之处，恳请读者批评指正。

编 者

目录

项目 1

制图基本知识

学习目标

知识目标

(1) 了解幅面、字体、图线等绘图的相关规定。

(2) 了解常用绘图工具的使用方法。

(3) 了解几何作图的作图方法。

(4) 掌握绘制平面图形的方法。

能力目标

(1) 能灵活运用国家标准绘制平面图形。

(2) 能正确标注建筑图样的尺寸。

(3) 能应用作图方法绘制平面图形。

❖ 引例导入

　　工程图样作为工程界的共同语言，是产品设计、制造、安装、检测等过程中的重要技术资料，是技术交流的重要工具。为便于绘制、阅读、管理和交流，必须对图样的画法、尺寸标注等作出统一规定，这个规定就是制图标准。工程技术人员必须熟悉并遵守有关制图标准，才能保证绘图及读图的顺利进行。

任务 1　制图标准的基本规定

　　建筑工程图是表达建筑工程设计的重要技术资料，是建筑施工的依据。为了统一制图技术，方便技术交流，并满足设计、施工管理等方面的要求，国家发布并实施了建筑工程各专业的制图标准。

　　本任务主要介绍中华人民共和国住房和城乡建设部颁发的国家标准。具体包括：《房屋建筑制图统一标准》(GB/T 50001—2017)、《总图制图标准》(GB/T 50103—2010)、《建筑制图标准》(GB/T 50104—2010)、《建筑结构制图标准》(GB/T 50105—2010)、《建筑给水排水制图标准》(GB/T 50106—2010)、《暖通空调制图标准》(GB/T 50114—2010)。标准对施工图中常用的图纸幅面、比例、字体、图线(线型)、尺寸标注、材料图例等内容作了具体规定，下面逐一介绍这些规定的要点。

一、图纸幅面

　　凡设计用图纸的大小，应符合表 1-1 中的规定。表 1-1 中代号的意义如图 1-1 所示。

表 1-1　图幅尺寸表　　　　　　　　　　　　　　　　　单位：mm

尺 寸 代 号	幅 面 代 号				
	A0	A1	A2	A3	A4
$B \times L$	841×1 189	594×841	420×594	297×420	210×297
c	10			5	
a	25				

　　绘制正式的工程图样时，必须在图幅内画上图框，图框线与图幅边线的间隔 a 和 c 应符合表1-1 的规定。

　　一般 A0～A3 图纸宜横式使用，必要时，也可立式使用。

　　为了使用图样复制和缩微摄影时定位方便，均应在图纸各边长的中点处分别画出对中标志。对中标志线宽不小于 0.35 mm,长度从纸边界开始至伸入图框内约 5 mm(见图 1-1)。

如图纸幅面不够,可将图纸长边加长,短边不得加长。其长边加长尺寸应符合表 1-2 的规定,如图 1-2 所示。

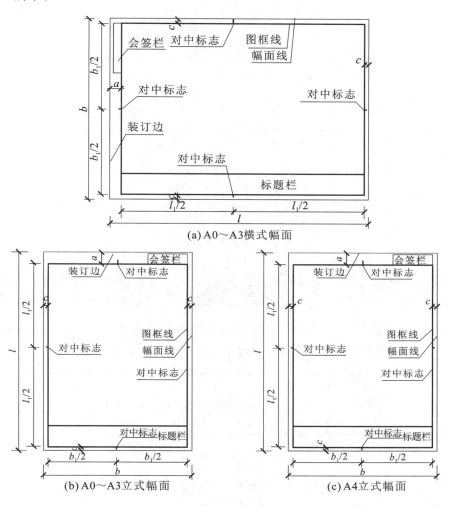

(a) A0～A3横式幅面

(b) A0～A3立式幅面

(c) A4立式幅面

图 1-1　图纸幅面

表 1-2　图纸长边加长尺寸　　　　　　　　　　　　　　　　单位:mm

幅面代号	长边尺寸	长边加长后尺寸									
A0	1189		1486	1635	1783	1932	2080	2230	2378		
A1	841			1051	1261	1471	1682	1892	2102		
A2	594	743	891	1041	1189	1338	1486	1635	1783	1932	2080
A3	420			630	841	1051	1261	1471	1682	1892	

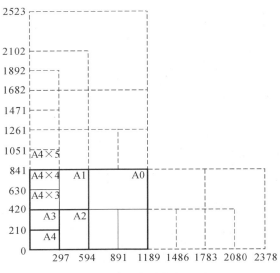

图 1-2　图纸长边加长尺寸

二、标题栏与会签栏

　　每张图纸的右下角,必须画出图纸标题栏,简称图标。它是各专业技术人员绘图、审图的签名区及工程名称、设计单位名称、图名、图号的标注区,如图 1-3 所示。

	设计单位名称	注册师签章	项目经理	修改记录	工程名称区	图号区	签字区	会签栏
30~50								

图 1-3　标题栏

　　会签栏放在图纸左上角图框线外。应按图 1-4 所示格式绘制,其尺寸为 $100\ mm \times 20\ mm$,栏内应填写会签人员所代表的专业,姓名,日期(年、月、日)。一个会签栏不够用时,可另加一个,两个会签栏应并列;不需会签的图纸,可不设会签栏。

会　签 COORDINATION	
建　筑 ARCHI.	电　气 ELEC.
结　构 STRUCT.	采暖通风 HVAC
给排水 PLUMBING	

图 1-4　会签栏

三、字体

工程图样上常用的文字有汉字、阿拉伯数字、拉丁字母,有时也用罗马数字、希腊字母。

工程制图所需书写的文字均应笔画清晰、字体端正、排列整齐、间隔均匀,不得潦草,标点符号应清楚正确。以保证图样的规范性和通用性,避免发生误认。

1. 汉字

图样中的汉字应采用国家公布的简化字,宜采用长仿宋体。大标题、图册封面、地形图等的汉字,也可书写成其他字体,但应易于辨认。

长仿宋体字具有笔画粗细一致、起落转折顿挫有力、笔锋外露、棱角分明、清秀美观、挺拔刚劲又清晰好认的特点,是工程图样上最适宜的字体(见图1-5)。

14号字

图样是工程界的技术语言

10号字

字体工整 笔画清楚 间隔均匀 排列整齐

7号字

写仿宋字的要领: 横平竖直 注意起落 结构均匀 填满方格

5号字

房屋建筑桥梁隧道水利枢纽结构设计施工建造生产工艺企业管理

图 1-5　长仿宋体字例

1)长仿宋体字的规格

长仿宋体字的字号、字高和字宽分为六级(见表1-3),长仿宋体的字宽为字高的2/3。

表 1-3　长仿宋体字号、字高和字宽　　　　　　　　　　　　　　　单位:mm

字号	20	14	10	7	5	3.5
字高	20	14	10	7	5	3.5
字宽	14	10	7	5	3.5	2.5

2)书写长仿宋体字的基本要领

书写长仿宋体字的要领可归纳为:横平竖直、起落有锋、布局均匀、填满方格。

(1)"横平"是指字中横画一定要又平又直,特别是长横,它在字中左右顶格起着均衡左右的作用。切不可稍带弯曲,但也不是非得写成水平,可顺运笔方向稍许上斜,这更增加字的美观,写时也很顺手。

"竖直"是指竖笔一定要写成铅直状,特别是长竖在字中起主导作用,更不能歪斜或带弧形。

横、竖画是一个字的骨干笔画,对整个字的结构形成骨架,是写好长仿宋体的关键笔画,必须努力练好。

(2)起落有锋。"起"是指每一笔画的开始,"落"是指每一笔画的结束。长仿宋体字要求起笔、落笔呈三角形且棱角分明,从而使所写字清秀美观,这就要求对每种笔画有一定的笔法。

(3)布局均匀。布局均匀是指每一个字中的笔画的整体布局要做到均匀紧凑、美观。为此要掌握汉字的各种结构,认真分析每个字中的组成部分的搭配关系和组合规律,从而灵活地调整各笔画间隔,使各种不同结构的字的歌组成部分比例适当,每一笔画所占位置适宜(见图 1-6)。

(a) 写字方格

(b) 独横独竖的字

(c) 多横多竖的字

正确

错误

(d) 字体外形笔画为横、竖画时

(e) 字体各部分的搭配

图 1-6 字体结构分析

当结构为独横独竖的单体字时,竖、横画在字中起骨干作用。这样的竖画要上下顶格且竖直,这样的横画要左右顶格,起到左右平衡的作用(见图1-6(b))。

当字体为多横、多竖结构时,横画、竖画之间应平行等距。多横画字一般写成上短下长,或上下长、中间短。对竖画并列的字,常写成左低右高(见图1-6(c))。

当字体的外形笔画为横、竖画时,要缩格书写成如图1-6(d)所示的正确书写形式。不能写成如图1-6(d)所示的错误形式。

当字的组成部分较多时,要注意各部分所占比例,但又不能完全限制在这个比例范围内,要处理好笔画的穿插,这样结构才会均匀而又紧凑(见图1-6(e))。

(4)填满方格。所谓充满方格是指一个字上、下、左、右的主笔的笔锋要触及方格。从图1-6中就能看到,方格的四边都有主笔锋触及。

3)长仿宋体字的书写方法

初级长仿宋体字要按字高、字宽用轻、淡、细线打好格子(见图1-6(a))。在下笔之前要认真看"样"字,从中找出样字的结构特点、笔画的搭配规律,做到心中有字,然后再写,千万不要看一笔写一笔,写完后应背下字的结构,结构准确是写好字的关键。在熟悉字体结构的同时,要勤动手练好基本笔画的笔法,只有这样才能写出笔锋,从而写出长仿宋字体的风格。

正确的练字方法应该是多看、多临摹、多写,持之以恒。为了满足工程图样的要求,可先练专业用字,而后练其他用字。

2. 拉丁字母和数字

国家标准将字母、数字的高度(单位为mm,以后数字后无单位的,均指mm)分为7级,依次为20、14、10、7、5、3.5、2.5。

拉丁字母和数字有直体和斜体两种书写方法。如需要写成斜体字,其斜度应从字的底线逆时针向上倾斜75°。斜体字的高度与宽度应与相应的直体字相等。拉丁字母、阿拉伯数字与罗马数字的书写规则见表1-4。拉丁字母、阿拉伯数字和罗马数字的直体和斜体如图1-7所示。

表1-4 拉丁字母、阿拉伯数字及罗马数字的书写规则　　　　　　单位:mm

窄 字 体		一 般 字 体
字母高度	大写字母	h	h
	小写字母(上下均无延伸)	$(7/10)h$	$(10/14)h$
小写字母伸出的头部或尾部		$(3/10)h$	$(4/14)h$
笔画宽度		$(1/10)h$	$(1/14)h$
间距	字母间距	$(2/10)h$	$(2/14)h$
	上下行基准线最小间距	$(15/10)h$	$(21/14)h$
	词间距	$(6/10)h$	$(6/14)h$

图 1-7　拉丁字母、阿拉伯数字及罗马数字

四、图线

工程图中的内容,必须采用不同的线型、不同的线宽来表示,线宽比即粗线:中粗线:细实线 ＝4:2:1。建筑工程图中,常用的几种图线的名称、线型、线宽和一般用途见表 1-5。图线在工程中的实际应用如图 1-8 所示。

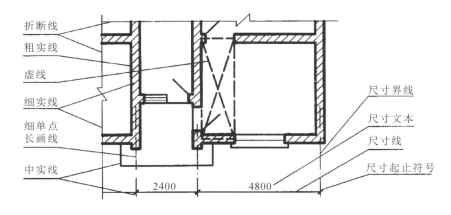

图 1-8　图线的应用及尺寸的组成

表 1-5 图线的线型和线宽   单位:mm

名 称		线 型	线宽	用 途
实线	粗		b	主要可见轮廓线
	中		$0.5b$	可见轮廓线
	细		$0.25b$	可见轮廓线、图例线等
虚线	粗		b	见有关专业制图标准
	中		$0.5b$	不可见轮廓线
	细		$0.25b$	不可见轮廓线、图例线等
单点长画线	粗		b	见有关专业制图标准
	中		$0.5b$	见有关专业制图标准
	细		$0.25b$	中心线、对称线等
双点长画线	粗		b	见有关专业制图标准
	中		$0.5b$	见有关专业制图标准
	细		$0.25b$	假想轮廓线、成型前原始轮廓线
折断线			$0.25b$	断开界面
波浪线			$0.25b$	断开界面

图线以可见轮廓线 b 为标准,按《房屋建筑制图统一标准》的规定,图线 b 采用 2.0 mm、1.4 mm、1.0 mm、0.7 mm、0.5 mm、0.35 mm 等 6 种线宽。画图时,根据图样的复杂程度和比例大小选用不同的线宽组(见表 1-6)。

每个图样应根据复杂程度与比例大小,先选定基本线宽 b,再选用相应的线宽组。同类线应粗细一致。

在同一张图幅内,相同比例的图应选用相同的线宽组。同类线粗细一致。

图框线、标题栏分格线的宽度按表 1-7 选用。

表 1-6 线条宽度表   单位:mm

线 宽 比	线 宽 组					
b	2.0	1.4	1.0	0.7	0.5	0.35
$0.5b$	1.0	0.7	0.5	0.35	0.25	0.18
$0.25b$	0.5	0.35	0.25	0.18		

表 1-7 图框线、标题栏线宽度   单位:mm

图幅代号	图 框 线	标题栏外框线	标题栏分格线和会签栏线
A0、A1	1.4	0.7	0.35
A2、A3、A4	1.0	0.7	0.35

图线相交的画法如表 1-8 所列,并注意以下几点。

(1) 虚线与虚线或虚线与其他线相交时,应相交在线段,不要相交在空隙处。

(2) 两粗实线或两虚线相交时,应相交但不能超出。

(3) 两单点长画线相交时,应相交在线段,不要相交在空隙处。

(4) 虚线是实线的延长线时,实线要画到分界线处留下一段空隙再接着画虚线。

表 1-8 图线相交的画法

序号	内 容	正 确	错 误
1	虚线与虚线或与其他图线相交		
2	两粗实线或两虚线相交		
3	两单点长画线相交		
4	虚线在实线的延长线上		

图线不得与文字、数字或符号交叉重叠,不可避免时,应断开图线保证文字的清晰。

五、尺寸标注

建筑工程图中不仅应画出建筑物形状,更主要的是必须准确、完整、详尽而清晰地标注各部分实际尺寸,这样的图纸才能作为施工的依据。尺寸由尺寸线、尺寸界线、尺寸起止符号和尺寸数字组成(见图 1-9)。尺寸线和尺寸界线用细实线绘制。

线性尺寸的尺寸界线一般与被标注的轮廓线垂直,其轮廓线一端应离开轮廓线不小于 2 mm,另一端超出尺寸线 2~3 mm。轮廓线可代替尺寸界线。

尺寸线应与被注轮廓线平行。任何轮廓线均不得代替尺寸线,图线不得穿过尺寸数字。

图样上的尺寸,应以尺寸数字为准,不得从图上直接量取。图上的尺寸单位,除标高及总平面图以 m 为单位外,其他以 mm 为单位(以后各项目中凡以 mm 为单位的数字不再在数字后重写"mm"字样)。

尺寸起止符号为 45°倾斜的中粗短画线,其倾斜方向与尺寸界线成顺时针 45°角,其长度一般为 2~3 mm。

(1) 圆、圆弧的尺寸标注(见图 1-9(a)、(c)):圆和大于半圆的圆弧标注直径,尺寸线通过圆心,用箭头作尺寸的起止符号,指向圆弧,并在直径数字前加注直径代号"ϕ"。较小圆的尺寸可

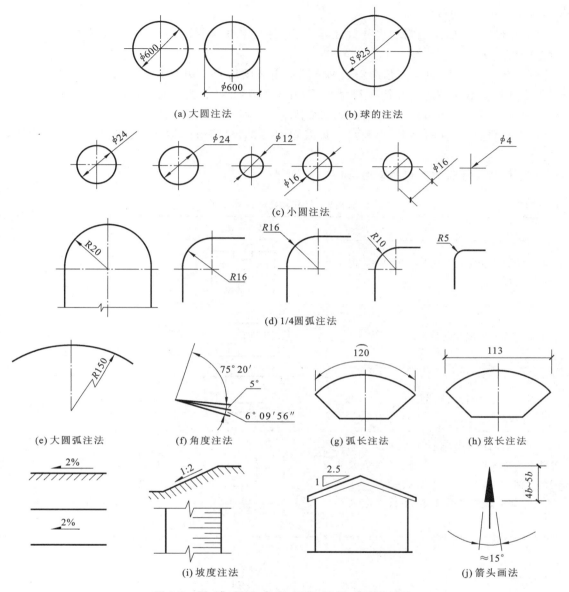

图 1-9 圆、球、圆弧、角度、弧长、弦长、坡度的画法

以标注在圆外。

半圆和小于半圆的圆弧(图 1-9(d)、(e))标注半径尺寸,尺寸线的一端从圆心开始,另一端用箭头指向圆弧,在半径数字前加注半径代号"R"。较小圆弧的半径数字,可引出标注,较大圆弧的尺寸线画成折线。

(2)角度、弧长、弦长的尺寸标注(见图 1-9(f)、(g)、(h)):角度的尺寸线用圆弧线代替,尺寸界线为角的两边线,起止符号为箭头。当角度小,无法画下箭头时,可用小圆点代替。角度数字应水平书写。

弧长的尺寸线为与该圆弧同心的圆弧,尺寸界线应与该圆弧的弦垂直,起止符号为箭头,并且在弧长数字的上方加注"⌒"符号。弦长的尺寸线应与弦长平行,尺寸界线与弦长垂直,起止符号为中粗的 45°短画线。

（3）球的尺寸标注与圆的尺寸标注基本相同，只需在半径或直径代号（R 或 ϕ）前加写"S"（见图 1-9(b)）。

（4）坡度的标注：直角三角形斜边的坡度是用坡度角的正切值来表示的。也可换算成百分比，但应在坡度数字下边加注箭头符号"→"，并使箭头指向下坡方向。坡度也可以用直角三角形形式标注（见图 1-9(i)）。尺寸箭头画法如图 1-9(j) 所示。

（5）非圆曲线、相同要素、等长尺寸以及单线图的尺寸标注，请参阅《房屋建筑制图统一标准》。

（6）标注尺寸时应注意的事项，如表 1-9 所示。

表 1-9　尺寸标注的注意事项

说　明	正　确	错　误
轮廓线、中心线可以代替尺寸界线，但不能作尺寸线		
不能用尺寸界线代替尺寸线		
先标小尺寸，再标大尺寸		
水平方向的尺寸数字的方向应朝上，垂直尺寸数字方向应朝左，从下到上书写在尺寸线的中间左方。 同一张图纸内的所有尺寸数字应大小一致		
尺寸数字的方向，应按(a)图的规定注写，若尺寸数字在 30°斜线区内，宜按(b)图的形式注写		
尺寸界线之间较窄时，最外边的尺寸数字可注写在尺寸界线外侧，中间相邻的尺寸数字可上下错开或用引出线引出后再标注		

六、图名与比例

比例是图样的线性尺寸与实物相对应的线性尺寸之比。例如,2:1、1:1、1:5、1:10、1:100 等。

绘图所用比例,应根据图样用途与被绘物体的复杂程度,从表 1-10 中选用,并优先选用表中的常用比例。

表 1-10　绘图所用的比例　　　　　　　　　　　　　　　　　单位:mm

常用比例	1:1、1:2、1:5、1:10、1:20、1:50、1:100、1:150、1:200、1:500、1:1000、1:2000、1:5000、1:10000、1:20000、1:100000、1:200000
可用比例	1:3、1:4、1:6、1:15、1:25、1:30、1:40、1:60、1:80、1:250、1:300、1:400、1:600

按规定,在图样下边应用长仿宋体字写上图样名称和绘图比例。比例应书写在图名的右侧,字号应比图名字号小一号或二号。图名下应画一条粗实线,如图 1-10 所示。

当同张图纸中只用一种比例时,也可将比例书写在图纸的标题栏内。

平面图　　1：100

图 1-10　图名与比例

任务 2　绘图工具

一、图板

绘图时,需将图纸固定于图板上,因此,图板的工作面应光滑、平整,图板的左侧边为工作边,要求必须平直,以保证绘图质量(见图 1-11)。使用时注意图板不能受潮,不能用水洗刷和在日光下曝晒。不要在图板上按图钉,更不能在图板上切纸。

常用的图板规格有 0 号、1 号和 2 号,可以根据不同图纸幅面的需要选用不同图板。作图时,将图板与水平桌面成 10°～15°倾斜放置。

二、丁字尺

丁字尺由尺头和尺身组成,其连接处必须坚固,尺身的工作边必须平直,不可用丁字尺击物或用刀片沿尺身工作边裁纸。丁字尺用完后应竖直挂起来,以避免尺身弯曲变形或折断。丁字尺主要用于画水平线(见图 1-12(a)),使用时将尺头紧贴图板的工作边,左手把住尺头,使它始终紧靠图板左侧,然后上下移动丁字尺,直至工作边对准要画线的地方,再从左向右画水平线。

13

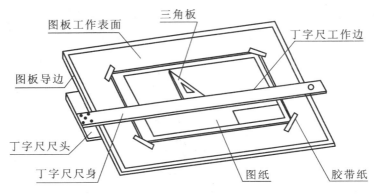

图 1-11　图板与丁字尺

画较长的水平线时,应用左手按住尺身,以防止尺尾翘起和尺身移动。

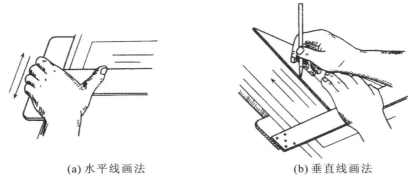

(a) 水平线画法　　　　　　　　　　(b) 垂直线画法

图 1-12　丁字尺和三角板

三、三角板

三角板每副有 30°、60°、90°和 45°、45°、90°两块,且后者的斜边等于前者的长直角边。三角板除了与丁字尺配合使用,由下向上画不同位置的垂直线外(见图 1-12(b)),还可以配合丁字尺画 30°、45°、60°等各种斜线,也可画出与水平线成 15°倍数的倾斜线(见图 1-13)。

画垂直线时,先把丁字尺移动到所绘图线的下方,把三角板放在应画线的右方,保持一直角边紧靠丁字尺的工作边,然后移动三角板,直到另一直角边对准应画线的位置,再用左手按住丁字尺和三角板,自下而上画线(见图 1-12(b))。

四、比例尺

比例尺是在画图时按比例量取尺寸的工具,通常有直尺及三角形两种(见图 1-14),三角形比例尺又称三棱尺。比例尺刻有 6 种刻度,通常分别表示为 1∶100、1∶200、1∶400、1∶500、1∶600 等 6 种比例,比例尺上的数字以 m 为单位,例如数字 1 代表实际长度 1 m,5 代表实际长度 5 m。

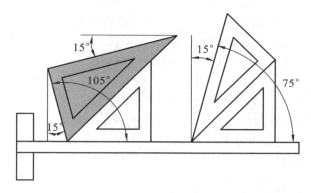

图 1-13 丁字尺和三角板画斜线

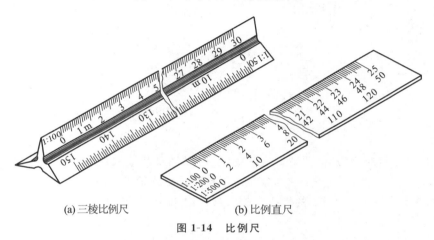

(a) 三棱比例尺   (b) 比例直尺

图 1-14 比例尺

使用比例尺画图时,若绘图所用比例与尺身上比例相符,则首先在尺上找到相应的比例,不需要计算,即可在尺上量出相应的刻度作图。例如以 1:500 的比例画 1800 mm 的线段,只要从比例尺 1:500 的刻度上找到单位长度 10 m 的刻度,并量取从 0 到 18 m 刻度点的长度,就可用这段长度绘图了(见图 1-15)。若绘图所用的比例与尺身比例不符,则选取尺上最方便的一种比例,经计算后量取绘图。如量画 1:50 或 1:5000 的线段,也可用 1:500 的比例作图。

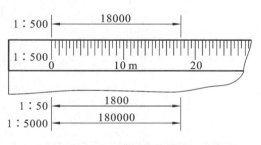

图 1-15 比例尺的使用

比例尺是用来量取尺寸的,不可用来画线。所以不要把比例尺当直尺来用,以免磨损比例尺上面的刻度。

五、圆规、分规

1. 圆规

圆规是用来画圆及圆弧的工具,其中的一脚为固定的钢针,另一脚为可替换的各种铅笔芯,铅笔芯应磨成约 75°的斜截圆柱状,斜面向外,也可磨成圆锥状,使用圆规时,带钢针的一脚应略长于带铅笔芯的一脚,这样在针尖扎入图纸后,能保证圆规的两脚一样高度。

画圆时,首先调整铅笔芯与针尖之间的距离等于所画圆的半径,再将针尖扎在圆心处,尽量使笔尖与纸面垂直放置,然后转动圆规顶部手柄,沿顺时针方向画圆,注意在转动时,圆规应向画线方向略为倾斜,速度要均匀,整个圆或者圆弧要一笔画完。在绘制较大的圆时,可以将圆规两插杆弯曲,使它们仍然保持与纸面垂直,左手按着针尖一脚,右手转动铅笔芯一脚画圆。直径在 10 mm 以下的圆,一般用点圆规作图。使用时右手食指按顶部,大拇指和中指按顺时针方向转动铅笔芯,画出小圆(见图 1-16)。

图 1-16　圆规的使用

2. 分规

分规的形状与圆规相似,但两腿都装有钢针,可以用来量取线段长度或者等分直线或圆弧。使用时,应先从比例尺或直尺上量取所需的长度,然后在图纸的相应位置量出。为了量取长度的准确,分规的两个脚必须等长,两针尖合拢时应能合成一点(见图 1-17)。

(a) 分规　　　　　(b) 量取长度　　　　　(c) 等分线段

图 1-17　分规的使用

六、铅笔、模板

1. 铅笔

绘图铅笔按铅笔芯的软硬程度分为 B 型、HB 型和 H 型三类。"B"表示软铅芯,用标号 B,2B,…,6B 表示,其数字越大,表示铅笔芯越软;"H"表示硬铅芯,用标号 H,2H,…,6H 表示,其数字越大,表示铅笔芯越硬;HB 介于两者之间,画图时可根据使用要求选用不同型号的铅笔。画粗线时可使用 B 或 2B 铅笔,画细线或底稿线时可使用 H 或 2H 铅笔,画中线或书写字体时可使用 HB 铅笔。

铅笔尖应削成锥形,铅芯露出 6～8 mm。削铅笔时应注意保留有标号的一端,以便能始终识别铅笔的软硬度(见图 1-18)。使用铅笔绘图时,用力要均匀,应避免用力过大划破图纸或在纸上留下凹痕,也应避免用力过小使所画线条不清晰。

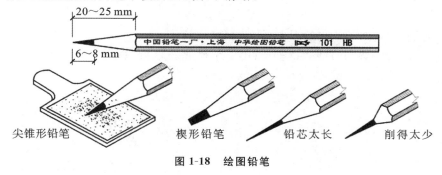

图 1-18　绘图铅笔

2. 模板

目前有很多专业型的模板,如建筑模板、结构模板、轴测图模板、数字模板等,建筑模板主要是用来画各种建筑标准图例和常用符号,模板上刻有各种不同的图例和符号的孔(见图 1-19),其大小已符合一定的比例,只要使用铅笔沿孔内边线画图即可。

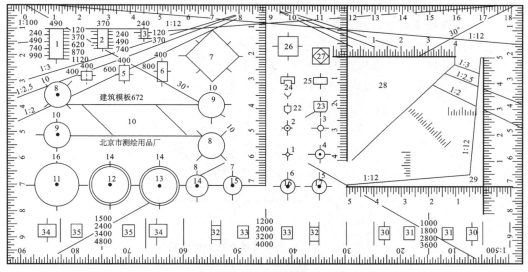

图 1-19　建筑模板

任务 3　几何作图

为了能正确、迅速地画出工程图中的某些平面图形,首先要熟练地掌握各种几何图形的作图原理和方法。

1. 过已知点作直线平行于已知直线

过已知点作直线平行于已经直线的方法如下。

(1) 已知直线 AB 及 AB 线外点 P(见图 1-20(a))。

(2) 使三角板的一边与直线 AB 重合;用丁字尺或三角板,靠紧三角板的另一边;移动三角板至点 P,过 P 画直线即为所求(见图 1-20(b))。

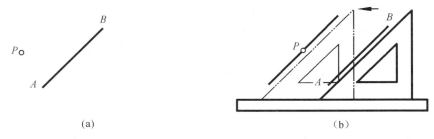

| (a) | (b) |

图 1-20　过已知点作直线平行于已知直线

2. 过已知点作直线垂直于已知直线

过已知点作直线垂直于已知直线的方法如下。

(1) 已知直线 AB 及 AB 线上点 P(见图 1-21(a))。

(2) 使三角板的一直角边与直线 AB 重合;用丁字尺或三角板,靠紧三角板的斜边;移动三角板使其另一直角边过点 P,并画直线即为所求(见图 1-21(b))。

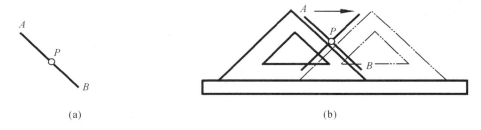

| (a) | (b) |

图 1-21　过已知点做直线垂直于已知直线

3. 等分段线

等分线段的方法如下。

(1) 已知直线 AB(见图 1-22(a))。

(2) 过点 A 任作一直线 AC,在 AC 上按任意长度截取 5 等份,得 1_0、2_0、3_0、4_0、5_0。连直线 5_0B,并过点 1_0、2_0、3_0,4_0 作直线平行于 5_0B 且交 AB 于 1、2、3、4,即为所求(见图 1-22(b))。

4. 等分两平行线间的距离

求等分两平行线间的距离的方法如下。

(1) 已知平行线 AB 和 CD(见图 1-23(a))。

(a)   (b)

图 1-22　五等分直线段

(2) 置点 C 于 CD 上,摆动尺身,使刻度 5 落在 AB 上,得 1、2、3、4 各分点(见图 1-23(b))。

(3) 过各等分点作 AB(或 CD)的平行线,即为所求(见图 1-23(c))。

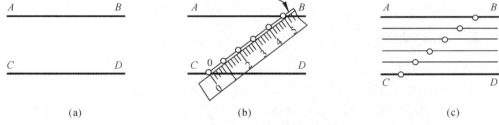

(a)   (b)   (c)

图 1-23　等分两平行线间的距离

5. 作已知圆的内接正五边形

已知外接圆直径求作正五边形,如图 1-24 所示。

(1) 作外接圆。找到水平半径 OA 的中点 D。

(2) 以 D 为圆心,以 DE 为半径画弧,交水平直径于点 F。

(3) 以 E 为圆心,以 EF 为半径画弧交外接圆于 G、H 两点,再分别以点 G、H 为圆心,EF 为半径对称地截取点 I、J。顺次连接 E、G、I、J、H 五个点得到正五边形。

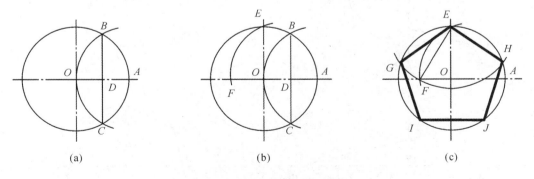

(a)   (b)   (c)

图 1-24　作圆的内接五边形

6. 作已知圆的内接正六边形

作已知圆的内接正六边形的方法如下。

(1) 已知圆 O(见图 1-25(a))。

(2) 以半径 R 为边长,在圆周上截得 1、2、3、4、5、6 点(见图 1-25(b))。

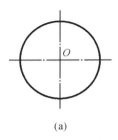 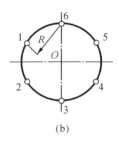 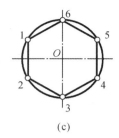

(a)　　　　　　　　　(b)　　　　　　　　　(c)

图 1-25　作圆的内接正六边形

(3) 按顺序连接 1、2、3、4、5、6 点,即为正六边形(见图 1-25(c))。

7. 作圆内接正 n 边形

作圆的内接正 n 边形方法如下。

(1) 把直径 AB 分为七等份,得等分点 1、2、3、4、5、6,如图 1-26(a)所示。

(2) 以点 A 为圆心、AB 为长半径作圆弧,交水平直径延长线于 M、N 两点,如图 1-26(b)所示。

(3) 从 M、N 两点分别向各偶数点(2、4、6)连线并延长相交于圆周上的 C、D、E、F、G、H 点,如图 1-26(c)所示。

(4) 依次连接 A、C、D、E、F、G、H 和点即得所作的正七边形,如图 1-26(d)所示。

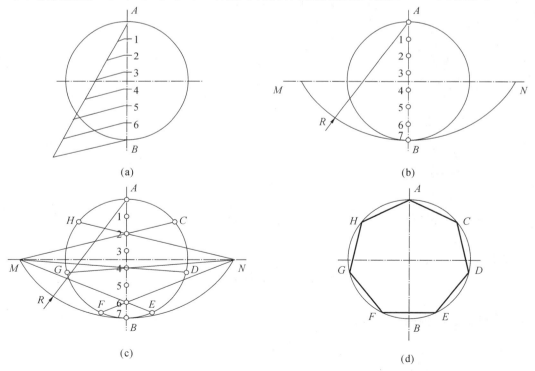

(a)　　　　　　　　　　　　　　　　　(b)

(c)　　　　　　　　　　　　　　　　　(d)

图 1-26　作圆的内接正七边形

8. 已知长短轴作椭圆

1) 四心圆弧法

四心圆弧法的作图步骤如下。

（1）画出两条正交的中心线,确定椭圆的中心 O,长轴的左端点 A、右端点 B 和短轴的上端点 C、下端点 D,然后连接 AC,如图 1-27（a）所示。

（2）以点 O 为圆心,OA 为半径画圆弧交 OC 延长线于点 E。

（3）以点 C 为圆心,CE 为半径画圆弧交 AC 于点 F。

（4）作 AF 的垂直平分线交 AB 于点 1、CD 于点 2,然后求点 1、2 对于长轴 AB、短轴 CD 的对称点 3 和对称点 4,则点 1、2、3、4 为组成椭圆四段圆弧的圆心。连接 12、14、23、34 并延长,即得四段圆弧的分界线,如图 1-27（b）所示。

（5）分别以点 1、2、3、4 为圆心,以 $1A$ 和 $2C$ 为半径分别画两段小圆弧和两段大圆弧至分界线,如图 1-27（c）所示。

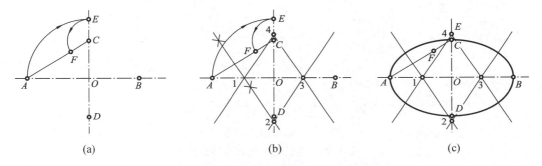

(a)   (b)   (c)

图 1-27　四心圆弧法作椭圆

2) 同心圆法

同心圆法的作图步骤如下。

（1）以椭圆中心为圆心,分别以长、短轴长度为直径,作两个同心圆,如图 1-28（a）所示。

（2）过圆心作任意直线交大圆于点 1、2,交小圆于点 3、4,分别过点 1、2 引垂直线,过点 3、4 引水平线,它们的交点 a、b 即为椭圆上的点,如图 1-28（b）所示。

（3）按第二步的方法重复作图,求出椭圆上一系列的点,如图 1-28（c）所示。

（4）用曲线板光滑地连接诸点,即得所求的椭圆,如图 1-28（d）所示。

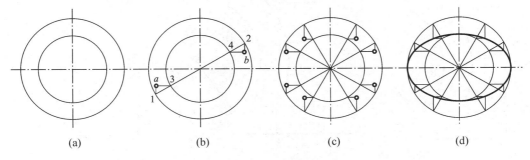

(a)   (b)   (c)   (d)

图 1-28　四心圆弧法作椭圆

9. 曲线连接

绘图过程中,经常会遇到曲线连接的问题。曲线连接实际上就是用已知半径的圆弧去光滑地连接两已知线段(直线或圆弧)。其中起连接作用的圆弧称为连接弧。这种光滑连接在几何中即为相切,切点就是连接点。作图时,应找到连接圆弧的圆心及切点。下面分三种情况进行介绍。

1) 用已知半径圆弧连接两已知直线

作图步骤如下。

(1) 求连接弧的圆心。作两辅助直线分别与 AC 及 BC 平行,并使两平行线之间的距离都等于 R,两辅助直线的交点 O 就是所求连接圆弧的圆心(见图 1-29(a))。

(2) 求连接弧的切点。从点 O 分别向两已知直线作垂线得点 M、N。点 M、N 即所求切点(见图 1-29(b))。

(3) 作连接弧。以点 O 为圆心,OM 或 ON 为半径作圆弧,与 AC 及 BC 切于两点 M、N,完成连接,如图 1-29(c)所示。

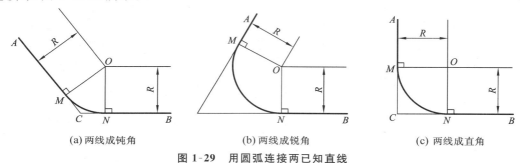

(a) 两线成钝角　　　　　　　(b) 两线成锐角　　　　　　　(c) 两线成直角

图 1-29　用圆弧连接两已知直线

2) 用已知半径圆弧连接已知圆弧和已知直线

作图步骤如下。

(1) 求连接弧的圆心。作辅助直线平行已知直线,距离等于 R。以点 O_1 为圆心,R_1+R 为半径作圆弧,交辅助直线于点 O,O 点即为连接圆弧的圆心,如图 1-30(a)所示。

(2) 求连接弧的切点。从点 O 向已知直线作垂线,得点 K_1,连接 OO_1 与已知圆弧交于点 K_2。点 K_1、K_2 即所求切点,如图 1-30(b)所示。

(3) 作连接弧。以点 O 为圆心,OK_1 或 OK_2 为半径作圆弧,完成圆弧连接,如图 1-30(c)所示。

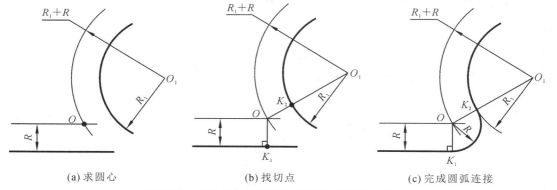

(a) 求圆心　　　　　　　(b) 找切点　　　　　　　(c) 完成圆弧连接

图 1-30　用半径为 R 的圆弧连接 R_1 圆弧及直线 L

3）用圆弧连接两已知圆弧

用圆弧连接两已知圆弧可分两种情况，即外切和内切，外切时找圆心的半径为 $R+R_{外}$ ，内切时找圆心的半径为 $R_{内}-R$ 。

（1）用 R_3 圆弧外切两已知圆弧（R_1、R_2）的作图方法。

分别以点 O_1、O_2 为圆心，R_1+R_3 和 R_2+R_3 为半径画圆弧得交点 O_3，即为连接圆弧的圆心；连接 O_1O_3、O_2O_3 与已知圆弧分别交于点 K_1、K_2。点 K_1、K_2 即所求切点，如图 1-31（a）所示。以点 O_3 为圆心，R_3 为半径作圆弧，完成圆弧连接，如图 1-31（b）所示。

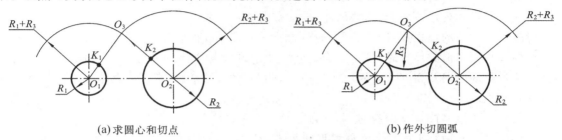

(a) 求圆心和切点　　　　　　　　　　(b) 作外切圆弧

图 1-31　用圆弧连接两已知圆弧

（2）用 R_4 圆弧内切两已知圆弧（R_1、R_2）的作图方法。

分别以点 O_1、O_2 为圆心，R_4-R_1 和 R_4-R_2 为半径画圆弧得交点 O_4，点 O_4 即为连接圆弧的圆心。连接 O_1O_4、O_2O_4 与已知圆弧分别交于点 K_1、K_2。点 K_1、K_2 即为所求切点，如图 1-32（a）所示。以点 O_4 为圆心，R_4 为半径作圆弧，完成圆弧连接，如图 1-32（b）所示。

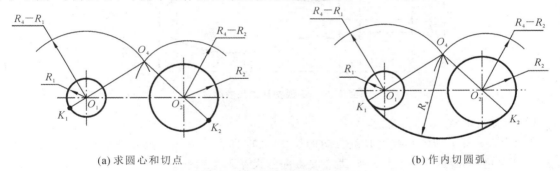

(a) 求圆心和切点　　　　　　　　　　(b) 作内切圆弧

图 1-32　用圆弧连接两已知圆弧

任务 4　平面图形的画法

所有的工程设计都是通过平面图形及相应的文字说明表达出来的，施工过程中的技术交流也经常需要借助平面图形来相互沟通。所以要熟练掌握平面图形的分析方法和具体画法。

绘制平面图形前，要对平面图形进行线段分析和尺寸分析，从而知道哪些线段可以直接画出，哪些线段要根据相关的几何条件作图。

一、平面图形的尺寸分析

平面图形由许多线段(直线或曲线)组成,从哪里开始画图往往并不明确,因此需要分析图形的组成及其线段的性质,从而确定画图的步骤。

平面图形是有尺寸标注的,对尺寸标注的要求是:正确、完整、清晰。

正确——尺寸符合国家标准的规定,尺寸数值不能写错和出现矛盾。

完整——尺寸要标注齐全,不缺尺寸,也没有重复的尺寸。

清晰——尺寸的位置要安排在图形的明显处,标注清楚,布局合理。

在标注平面图形的尺寸时,首先要确定标注尺寸的起点,即尺寸基准。平面图形是二维的,因此要确定长度方向及高度方向的尺寸基准。对于平面图形来说,常用的基准是对称图形的对称线、圆的中心线或较长的直线等。

平面图形的尺寸按其作用不同,可分为定形尺寸和定位尺寸两类。

定形尺寸——确定平面图形上线段形状大小的尺寸。

定位尺寸——确定图形中各线段之间相对位置的尺寸。

现以图 1-33 为例,进行平面图形的尺寸分析。

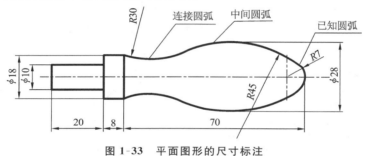

图 1-33　平面图形的尺寸标注

(1)先分析形状,确定尺寸基准。

如图 1-33 所示的中心线为高度方向的尺寸基准(即上下方向的尺寸基准);长度方向,可选择尺寸 8 左边的直线作为尺寸基准(即左右方向的尺寸基准)。

(2)在分析了这个平面图形的形状后,确定图形的定形尺寸。如尺寸 R45、R30、R7、20、8、ϕ18、ϕ10、ϕ28 等。

(3)根据对这个平面图形的形状分析,确定图形的定位尺寸。定位尺寸都应基于尺寸基准,如图 1-33 中的尺寸 70。

最后,按正确、完整、清晰的要求核对所注的尺寸,避免出现遗漏、重复、不够清晰等问题。

二、平面图形的线段分析和画图步骤

平面图形中的线段(包括直线和圆弧),根据其定位尺寸的完整与否,可分为以下三类。

(1)已知线段:定形尺寸和定位尺寸齐全的线段,能直接画出的线段。如图 1-33 中的直线20、直线 8、R7 的圆弧等。

（2）中间线段：已知定形尺寸，而定位尺寸不全的线段，必须依靠相邻线段的连接关系才能画出的线段。如图 1-33 中 $R45$ 的圆弧。

（3）连接线段：只有定形尺寸，而无定位尺寸的线段，待相邻线段画出后依靠两端线段的连接关系才能确定画出的线段。如图 1-33 中 $R30$ 的圆弧。

三、平面图形的作图步骤

在对其进行线段分析的基础上，应先画出已知线段，再画出中间线段，最后画出连接线段，具体作图步骤如图 1-34 所示。

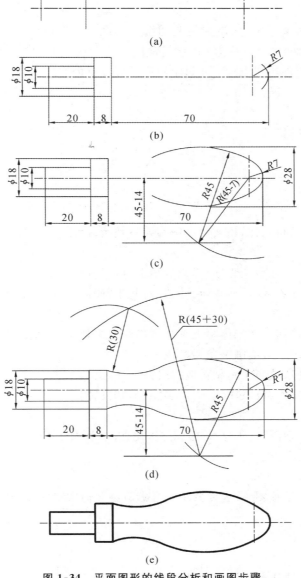

图 1-34　平面图形的线段分析和画图步骤

步骤一:分析图形,根据所标注的尺寸确定已知线段、中间线段、连接线段。画出长度方向和高度方向的基准线。如图 1-34(a)所示。

步骤二:画出已知线段,如图 1-34(b)所示。

步骤三:画出中间线段 *R*45 的圆弧,分别与相距 28 的两根平行线相切、与半径为 *R*7 的圆弧内切。如图 1-34(c)所示。

步骤四:利用圆弧连接的方法,确定连接线段 *R*30 圆弧的圆心位置,画出此连接圆弧。如图 1-34(d)所示。

步骤五:擦除多余的作图线,按照线型要求加深图线,完成全图。如图 1-34(e)所示。

项目小结

本项目主要根据国家标准《房屋建筑制图统一标准》(GB/T 50001—2017)和《建筑制图标准》(GB/T 50104—2010)的部分内容,介绍了常用的绘图工具和仪器的使用、基本制图标准以及简单建筑图纸的绘制方法和步骤。通过学习应掌握以下内容。

1. 制图标准的基本规范

1)图纸的图幅

图幅的规格、图幅的格式。

2)字体

长仿宋体。

数字、字母:直体,斜体。

3)图线

图线的种类、图线的粗宽比,粗实线∶中实线∶细实线＝4∶2∶1。

4)尺寸标注

图样上的尺寸应以尺寸数字为准,不应从图上直接量取。

尺寸的四要素:尺寸界线,尺寸线,尺寸数字,起止符号。

5)图名和比例

图名:在图样上应采用长仿宋体写上图样名称和绘图比例,比例放在图名的右侧,比例应比图名小一号或二号,图名下方应画一条粗实线。

比例是图样的线性尺寸与实物相对应的线性尺寸之比。

比例的种类:缩小比例、放大比例、与原实物相同的比例。

2. 绘图工具

常用的绘图工具包括图板、丁字尺、三角板、比例尺、圆规、分规、铅笔等。绘图时应灵活应用绘图工具绘图。

3. 几何作图的方法

为了准确迅速画出工程图,首先要熟练地掌握各种几何图形的作图方法。

1)直线的等分

试分法、比例法。

2)圆周的等分

利用绘图工具和几何作图方法,等分出不同类型的圆周。

　　3)椭圆的绘制

　　四心画椭圆:用四条圆弧代替椭圆曲线。

　　同心圆画椭圆:根据椭圆的长、短半轴画出两个同心圆,在 360°范围分割不同的角度,交于两同心圆,通过交点分别作两圆轴线的平行线,交点为椭圆的轨迹。分割同心圆越细致,椭圆就越准确。

　　4)圆弧连接

　　通过几何作图方法找圆心和切点,将圆弧与直线光滑连接的方法。

　　4．平面图形的画法

　　掌握平面图形的尺寸分析和画法。

　　(1)定形尺寸:确定平面图形中线段的形状大小和尺寸。

　　(2)定位尺寸:确定平面图形中线段之间相对位置的尺寸。

　　(3)基准:尺寸的起始位置。

　　(4)已知线段:定形尺寸、定位尺寸都齐全的线段。

　　(5)中间线段:已知定形尺寸,而定位尺寸不全的线段。

　　(6)连接线段:只有定形尺寸,无定位尺寸的线段。

项目 2

投影的基础知识

知识目标

(1) 掌握投影的类型、特性及其应用范围。

(2) 掌握三面投影图的投影规律。

能力目标

能按照三面投影的规律,正确绘制、识读三面投影图。

任务 1 投影特性

一、投影的概念

在工程中,常用各种投影方法绘制施工图,也就是在平面上用图形表达空间形体,并能表达出空间形体的长度、宽度和高度。

在日常生活中,物体在灯光和日光的照射下,会在地面、墙面上产生影子。这种影子常能在某种程度上显示出物体的形状和大小,并随光线照射方向和距离的不同而变化。如图 2-1(a)所示,一物体(三棱锥)在光线的照射下在平面上产生影子,这个影子只能反映出物体的轮廓,而不能表达物体的真实形状。假设光线能够透过物体,将物体各个顶点和各条棱线都在承影面上投射出影子,这些点和线的影子将组成一个能够反映出物体形状的图形,如图 2-1(b)所示,这个图形通常称为物体的投影。这种光线通过物体,向承影面投射,并在该承影面上获得图形的方法,称为投影法。

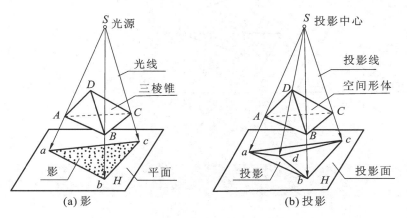

图 2-1　影与投影

在图 2-1(b)中,光源 S 称为投影中心,光线 SA、SB 等称为投影线,三棱锥称为空间形体,平面 H 称为投影面。投影线、空间形体、投影面称为投影的三要素。

二、投影的分类

形体的投影法可以分为中心投影法和平行投影法两大类。

1. 中心投影法

当全部的投影线均通过投影中心,这种投影法称为中心投影法,如图 2-2(a)所示。中心投影的特点是投影线集中一点 S,投影的大小与形体离投影中心的距离有关,在投影中心 S 与投影面距离不变的情况下,形体距投影中心越近,影子越大,反之则小。中心投影法一般用于绘制建筑透视图。

2. 平行投影法

当所有的投影线都相互平行,此时,空间形体在投影面上也同样得到一个投影,这种投影法称为平行投影法。平行投影所得投影的大小与形体离投影中心的距离远近无关。

根据投影线与投影面是否垂直,平行投影法又可以分为正投影法和斜投影法两类。

1) 正投影法

当投影线互相平行,并且垂直于投影面时,这种投影方法称为正投影法,如图 2-2(b)所示。由于用正投影法得到的投影图是最能真实表达空间物体的形状和大小,作图也较方便,因此大多数工程图样的绘制都采用正投影法。

2) 斜投影法

当投影线相互平行,并且倾斜于投影面时,这种投影方法称为斜投影法,如图 2-2(c)所示。

斜投影法适用于绘制斜轴测图。

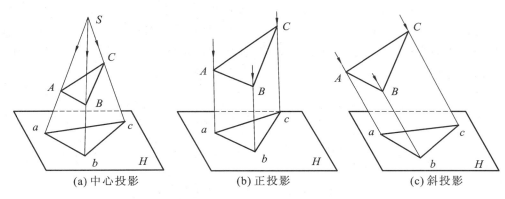

(a) 中心投影　　　　　　(b) 正投影　　　　　　(c) 斜投影

图 2-2　投影法的分类

三、正投影的特性

1. 真实性

点的投影仍为一点，如图 2-3 所示。平行于投影面的直线或平面的投影，反映直线的实长或平面的实形，如图 2-4、图 2-5 所示。在图 2-4 中，直线 CD 平行于投影面 H，则直线 CD 在该投影面上的正投影 cd 反映空间直线 CD 的真实长度，即：$cd = CD$。在图 2-5 中，平面 $\triangle ABC$ 平行于投影面 H，则平面 $\triangle ABC$ 在该投影面上的正投影 $\triangle abc$ 反映空间平面 $\triangle ABC$ 的真实形状。

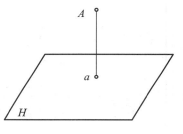

图 2-3　点的正投影

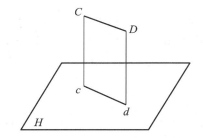

图 2-4　平行于投影面的直线的正投影

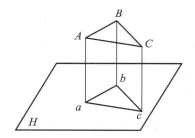

图 2-5　平行于投影面的平面的正投影

2. 积聚性

当直线或平面与投影面垂直时，其投影为一点或一条直线，如图 2-6 和图 2-7 所示。在图 2-6 中，直线 AB 垂直于投影面 H，则直线 AB 在该投影面上的正投影积聚为一个点 $a(b)$。在图 2-7 中，平面 $\triangle ABC$ 垂直于投影面 H，则该平面在该投影面上的正投影积聚为一直线 abc。

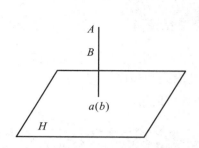

图 2-6　垂直于投影面的直线的正投影

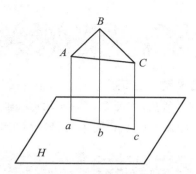

图 2-7　垂直于投影面的平面的正投影

3. 类似性

当直线或平面与投影面倾斜时,其直线的投影小于实长;平面的投影为小于实形的类似形,如图 2-8 和图 2-9 所示。在图 2-8 中,直线 AB 倾斜于投影面,在该投影面上直线 AB 的投影 ab 长度变短,即:$ab = AB\cos\alpha$。在图 2-9 中,平面 ABC 倾斜于投影面 H,其正投影 $\triangle abc$ 为面积变小了的类似三角形。

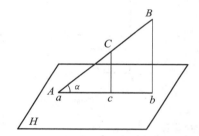

图 2-8　倾斜于投影面的直线的正投影

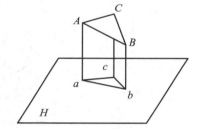

图 2-9　倾斜于投影面的平面的正投影

任务 2　工程上常用的投影图

中心投影和平行投影(斜投影和正投影)在工程图中应用广泛,以一幢四棱柱体外形的楼房为例,用不同的投影法,可以画出以下几种常用的投影图。

一、透视图

透视图是用中心投影法绘制的单面投影图,这种图如同人的眼睛观察物体或摄影得的结果相似,形象逼真,立体感强,常用在初步设计绘制方案效果图。因为透视图具有近大远小、近高远低、近疏远密的特点,如图 2-10(a)所示,房屋各部分形状和大小不能在图上直接量出,所以它不能做施工图用。

二、轴测图

轴测图是用平行投影法绘制的单面投影图，这种图具有较强的立体感，能较清楚地反映出形体的立体形状，如图 2-10(b)所示。轴测图上平行于轴测轴的线段都可以测量。轴测图的主要用途是绘制水暖工程图中的管道系统图和识读工程图的辅助用图。

三、三面正投影图

三面正投影图是用平行投影的正投影法绘制的多面投影图，如图 2-10(c)所示。这种图的画法较前两种图更简便，显实性好，是绘制建筑工程图的主要图示方法，但是缺乏主体感、无投影知识的人不易看懂。

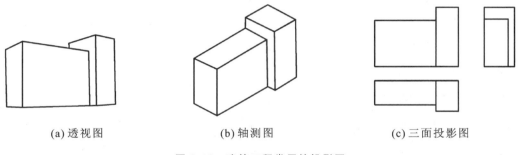

(a) 透视图　　　　　　　　(b) 轴测图　　　　　　　　(c) 三面投影图

图 2-10　建筑工程常用的投影图

四、标高投影图

标高投影图是一种带有数字标记的单面正投影图，标高投影常用来表示地面的形状，如图 2-11 所示。

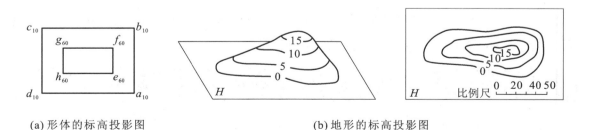

(a) 形体的标高投影图　　　　　　　　　(b) 地形的标高投影图

图 2-11　标高投影图

任务 3 三面正投影图

一、三面正投影图的形成

一个形体只画出一个投影图是不能完整地表示出它的形状和大小的,如图 2-12 所示的是两个形状不同的形体,而它们在某个投影方向上的投影图却完全相同。这说明在正投影法中,只有一个投影一般不能反映物体的真实形状和大小,因此,工程图中常采用多面正投影来表达物体,基本的表达方法是用三个视图结合起来以完整地表达形体的形状和大小。

图 2-13 所示的是按照国家标准规定设立的三个互相垂直的投影面,称为三投影面体系。三个投影面中,位于水平位置的投影面称为水平面投影面,用大写字母"H"表示;位于观察者正前方的投影面称为正面投影面,用大写字母"V"表示;位于观察者右方的投影面称为侧立面投影面,用大写字母"W"表示。三个投影面两两相交,得到三条互相垂直的交线 OX、OY、OZ,称为投影轴。三个投影轴的交点 O,称为原点。

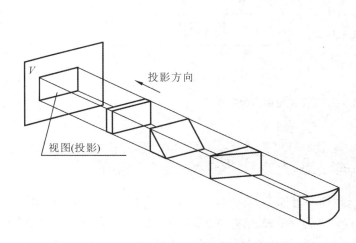

图 2-12 单一投影不能确定物体的形状和大小

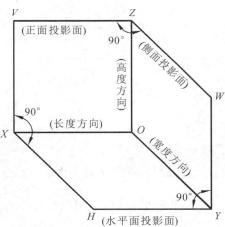

图 2-13 三投影面体系的建立

如图 2-14(a)所示,将形体放在三面投影体系中,向各个投影面进行投影,即可得到三个方向的正投影图,即形体的三面投影。三个视图分别称为水平投影或 H 面投影、正面投影或 V 面投影、侧面投影或 W 面投影。

水平投影:从形体的上方向下方投射,在 H 面得到的视图。

正面投影:从形体的前方向后方投射,在 V 面得到的视图。

侧面投影:从形体的左方向右方投射,在 W 面得到的视图。

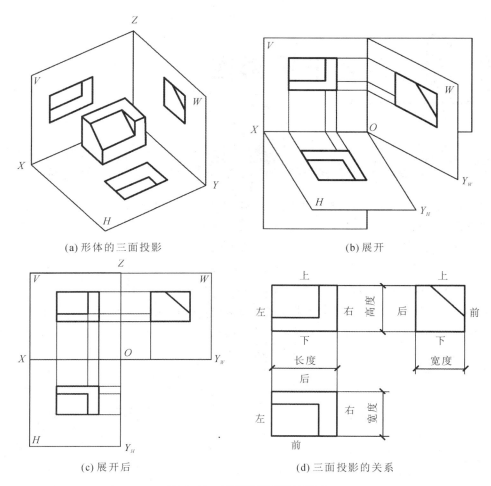

(a) 形体的三面投影   (b) 展开

(c) 展开后   (d) 三面投影的关系

图 2-14   三面正投影图的形成

二、三个投影面的展开

为了把处在空间位置三个投影图画在同一平面上,必须将三个相互垂直的投影面进行展开。如图 2-14(b)所示,根据规定 V 面保持不动,H 面绕 OX 轴向下旋转 90°,侧面 W 绕 OZ 轴向右旋转 90°,使它们都与 V 面处在同一平面上。这时,OY 轴分为两条,一条为 OY_H 轴,另一条为 OY_W 轴。

从展开后的三面正投影图的位置来看(见图 2-14(c)),H 面投影在 V 面投影的下方,W 面投影在 V 面投影的右方。在实际绘图时,在投影图外不必画出投影面的边框,也不写 H、V、W 字样,对投影逐渐熟悉后,投影轴 OX、OY、OZ 也可以不画(见图 2-14(d)),就按照"三等关系"去作图。

三、三面正投影图的投影规律

一个物体可用三面正投影图来表达它的三个面,在这三个投影图之间既有区别,又有着联系,由图 2-14(d)可以看出三面正投影图具有下述一些投影规律。

（1）正面投影能反映物体的正立面形状以及物体的高度和长度及上下、左右的位置关系。

（2）水平投影能反映物体的水平面形状以及物体的长度和宽度及前后、左右的位置关系。

（3）侧面投影能反映物体的侧立面形状以及物体的高度与宽度及上下、前后的位置关系。

（4）除此之外,在三个投影图间还具有"三等"关系:正面投影与水平投影长对正(即等长);正面投影与侧面投影高平齐(即等高);水平投影与侧面投影宽相等(即等宽)。"长对正、高平齐、宽相等"的"三等"关系是绘制和阅读正投影图必须遵循的投影规律。

项目小结

1. 投影形成的三要素:投影线、空间形体、投影面。

2. 投影分为中心投影和平行投影二大类。平行投影又分为正投影和斜投影。

3. 正投影具有全等性、积聚性、类似性的特性。

4. 工程上常用的投影图:透视图、轴测图、三面正投影图、标高投影图。

5. 三投影面体系包含有:

① 三个投影面　水平面投影面(H 面)、正面投影面(V 面)、侧立面投影面(W 面);

② 三根轴线　OX 轴、OY 轴、OZ 轴。

6. 三面投影图　水平投影(H 投影)、正面投影(V 投影)、侧面投影(W 投影)。

7. 三面正投影图的投影规律　长对正、高平齐、宽相等。

点、线、面的投影

知识目标

（1）了解点、线、面的投影特性。

（2）掌握点、线、面的投影规律。

能力目标

能辨识、绘制点、线、面在各种位置的三面投影。

任务 **1** 点的投影

在几何学中，点、直线、平面是组成形体的基本的几何元素，因此，要学习形体的投影规律，首先要掌握点、直线、平面的投影规律。其中点又是最基本的几何元素，下面从点开始来讨论其投影规律。

一、点的单面投影

如图 3-1 所示，在一水平投影面（H）上有空中点 A_1 和点 A_2，过 A_1 和 A_2 引垂直于 H 面的投

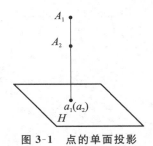

图 3-1 点的单面投影

影线,在 H 面上得到的垂足 a_1 和 a_2 就是点 A_1 和点 A_2 的水平投影。

由此可见,点的单面投影不能确定点的空间位置。确定点的空间位置,至少需要两个投影。

二、点的两面投影

在图 3-2 中,首先建立两个互相垂直的投影面 H 及 V,其间有一空间点 A,过点 A 分别引垂直于 H 面和 V 面的投影线,得到的垂足 a、a' 就是点 A 的水平投影和正面投影。

规定:空间点用大写字母(如 A、B……)表示;点的水平投影用相应小写字母(如 a、b……)表示;正面投影用相应小写字母加一撇(如 a'、b'……)表示。

从图 3-2 可知,若移去空间点 A,由点的两个投影 a、a' 就能确定该点的空间位置。另外,由于两个投影平面是相互垂直的,可在其上建立笛卡儿坐标体系,如图 3-3 所示。因此,已知空间点 A 的两个投影 a 及 a',即确定了空间点 A 的 x、y 及 z 三个坐标,也就唯一地确定了该点的空间位置。

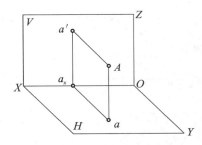

图 3-2 点的两面投影

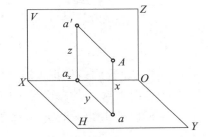

图 3-3 两个投影能唯一确定空间点

如图 3-4(a)所示,为使两个投影 a 和 a' 画在同一平面(图纸)上,规定将 H 面绕 OX 轴按图示箭头方向旋转 $90°$,使它与 V 面重合,这样就得到如图 3-4(b)所示点 A 的两面投影图。投影面可以认为是任意大,通常在投影图上不画它们的范围,如图 3-4(c)所示。投影图上细实线 aa' 称为投影连线。

由于图纸的图框可以不用画出,所以今后常常利用图 3-4(c)所示的两面投影图来表示空间的几何原形。

三、点的三面投影

为更清楚地表达物体,需要把物体放在三面投影体系中进行投影。同样,在探讨点的投影

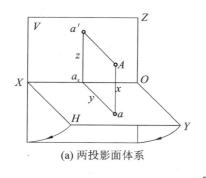

(a) 两投影面体系

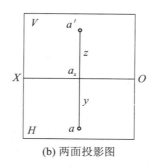

(b) 两面投影图

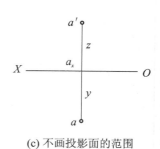

(c) 不画投影面的范围

图 3-4　两面投影图的画法

时,把点放在三面投影体系中进行投影。

由于三投影面体系是在两投影面体系基础上发展而成,因此两投影面体系中的术语及规定,在三投影体系中仍适用。此外,还规定空间点在侧面投影上的投影,用相应的小写字母加两撇表示(如 a''、b''……),如图 3-5 所示。

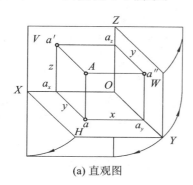

(a) 直观图

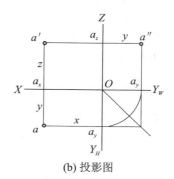

(b) 投影图

图 3-5　点的三面投影

空间点 A 分别向三个投影面作正投影,也就是过点 A 分别作垂直于 H、V、W 面的投影线,与三个投影面的交点,即为点 A 的三面投影(a、a'、a'')。

移去空间点 A,将投影体系展开,形成三面投影图,如图 3-5(b)所示。

四、点的投影特性

通过点 A 的各投影线和三条投影轴形成一个长方体,其中相交的边彼此垂直,相互平行的边长度相等,如图 3-5(a)所示。当投影体系展开后,如图 3-5(b)所示,点的三面投影特性如下。

(1) **点的两面投影连线垂直于相应投影轴**,即 $aa' \perp OX$,$a'a'' \perp OZ$,$aa_y \perp OY_H$,$a''a_y \perp OY_W$。

(2) **点的投影到投影轴的距离,反映该空间点到相应的投影面的距离**,即:

$$a'a_x = a''a_y = Aa; \quad aa_x = a''a_z = Aa'; \quad aa_y = a'a_z = Aa''$$

根据上述投影特性可知:由点的两面投影就可确定点的空间位置,还可由点的两面投影求出第三面投影。

例 3-1　如图 3-6(a)所示,已知 a'、a'',求 A 点的 H 面投影 a。

解　如图 3-6(b)所示,过已知投影 a' 作 OX 的垂直线,所求的 a 必在这条连线上 $(a'a\perp OX)$。同时,a 到 OX 轴的距离等于 a'' 到 OZ 轴的距离($aa_x = a''a_z$)。因此,过 a'' 作 OY_W 轴的垂线,遇 45°斜线转折 90°至水平方向,继续作水平线,与 $a'a_x$ 的延长线的交点即为 a(见图 3-6(c))。

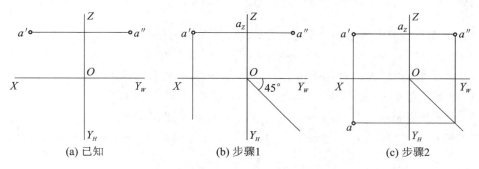

(a) 已知　　　　　(b) 步骤1　　　　　(c) 步骤2

图 3-6　求一点的第三投影

五、特殊位置点的投影

在特殊情况下,空间点有可能处于投影面或投影轴上。

1. 位于投影面上的点

如图 3-7(a)所示,点 A、B、C 分别处于 V 面、H 面、W 面上,它们的投影如图 3-7(b)所示,由此得出处于投影面上的点的投影性质,具体如下。

(1) 点的一个投影与空间点本身重合。

(2) 点的另外两个投影,分别处于不同的投影轴上。

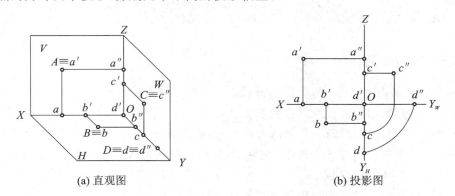

(a) 直观图　　　　　　　　　(b) 投影图

图 3-7　投影面及投影轴上的点

2. 位于投影轴上的点

如图 3-7 所示,当点 D 在 OY 轴上时,点 D 和它的水平投影、侧面投影重合于 OY 轴上,点 D 的正面投影位于原点。由此得出处于投影轴上的点的投影性质,具体如下。

(1) 点的一个投影与原点重合。

(2) 点的另外两个投影,重合于该投影轴上。

六、点的三面投影与直角坐标的关系

将投影面体系当成空间直角坐标系,把 V、H、W 当成坐标面,投影轴 OX、OY、OZ 当成坐标轴,O 作为原点。如图 3-8 所示,点 A 的空间位置可以用直角坐标 (x,y,z) 来表示。

点 A 的
$$\begin{cases} X \text{ 坐标值} = Oa_x = aa_y = a'a_z = Aa'', \text{反映点 } A \text{ 到 } W \text{ 面的距离};\\ Y \text{ 坐标值} = Oa_y = aa_x = a''a_z = Aa', \text{反映点 } A \text{ 到 } V \text{ 面的距离};\\ Z \text{ 坐标值} = Oa_z = a'a_x = a''a_y = Aa, \text{反映点 } A \text{ 到 } H \text{ 面的距离}。 \end{cases}$$

由此得出,a 由点 A 的 x、y 值确定,a' 由点 A 的 x、z 值确定,a'' 由点 A 的 y、z 值确定。

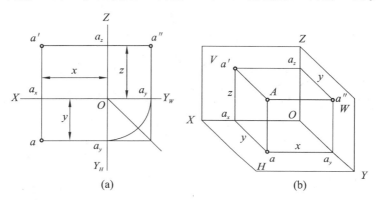

(a)　　　　　　　　　　　　　　(b)

图 3-8　点的空间位置与直角坐标

七、两点的相对位置及重影点

1. 两点相对位置的判断

空间中两点间的相对位置,是指在三面投影体系中,一个点处于另一个点的上、下、左、右、前、后的问题。它们的相对位置可以在投影图中由两点的同面投影(在同一投影面上的投影称为同面投影)的坐标大小来判断。Z 坐标大者在上,反之在下;Y 坐标大者在前,反之在后;X 坐标大者在左,反之在右。如图 3-9 所示,判断 A、C 两点的相对位置:$Z_A > Z_C$,因此点 A 在点 C 之上;$Y_A > Y_C$,点 A 在点 C 之前;$X_A < X_C$,点 A 在点 C 之右,结果是点 A 在点 C 的右前上方。

综上所述,可得出在投影图上判断空间两点相对位置关系的方法,具体如下。

(1) 判断上下关系:根据两点间 Z 坐标大小确定。也就是根据两点在 V 面或 W 面的投影的上、下关系直接判定。Z 坐标大者在上,反之在下。

(2) 判断左右关系:根据两点间 X 坐标大小确定。也就是根据两点在 H 面或 V 面的投影的左、右关系直接判定。X 坐标大者在左,反之在右。

(3) 判断前后关系:根据两点间 Y 坐标大小确定。也就是根据两点在 H 面或 W 面的投影的前、后关系直接判定。Y坐标大者在前，反之在后。

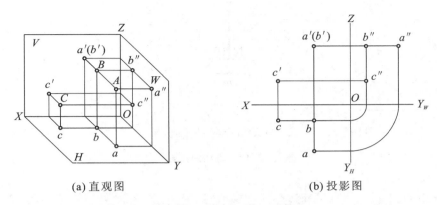

(a) 直观图   (b) 投影图

图 3-9 两点的相对位置及重影点

2. 重影点及可见性

空间两点在投影面的同一条投影线上，该投影面上二点的投影便相互重合，这两点称为重影点。

如图 3-9 所示，A、B 两点位于垂直于 V 面的同一条投射线上（$X_A = X_B$，$Z_A = Z_B$），正面投影 a' 和 b' 重合于一点。由水平投影（或侧面投影）可知 $Y_A > Y_B$，即点 A 在点 B 的前方。因此，点 B 的正面投影 b' 被点 A 的正面投影 a' 遮挡，是不可见的，规定在 b' 上加圆括号以示区别。

总之，某投影面上出现重影点，判别哪个点可见，应根据它们相应的第三个坐标的大小来确定，坐标大的点是重影点中的可见点。

任务 2 直线的投影

一、直线的投影

根据初等几何可知，空间任意两点确定一条直线，为便于绘图，在投影图中通常使用有限长的线段来表示直线。一般情况下，直线的投影仍是直线，特殊情况下其投影会成为一点。因此在投影图中，只要做出直线上任意两点的投影，并将其同面投影相连，即可得到直线的投影，如图 3-10 所示。作一般直线 AB 的三面投影，可分别作出它的两端点 A 和 B 的三面投影 a、a'、a'' 和 b、b'、b''，然后将两点的同面投影相连，即可得到直线 AB 的三面投影 ab、$a'b'$、$a''b''$，如图 3-10(b)、(c)所示。

41

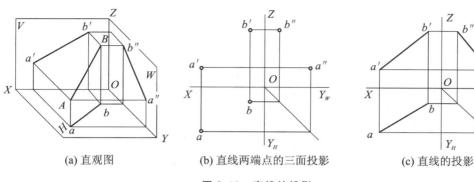

(a) 直观图   (b) 直线两端点的三面投影   (c) 直线的投影

图 3-10　直线的投影

二、各种位置直线的投影

1. 直线对一个投影面的投影特性

直线对一个投影面的正投影特性与前述平行投影的投影特性一样,有下述三种情况。

1) 积聚性

当直线垂直于投影面时,它在该投影面上的投影积聚为一点,如图 3-11(a)所示。

2) 实形性

当直线平行于投影面时,它在该投影面上的投影反映实长,即投影长度等于线段的实际长度,如图 3-11(b)所示。

3) 类似性

当直线倾斜于投影面时,它在该投影面上的投影是缩短了的直线段,如图 3-11(c)所示。

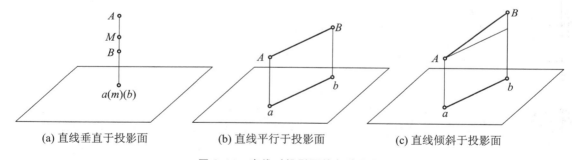

(a) 直线垂直于投影面   (b) 直线平行于投影面   (c) 直线倾斜于投影面

图 3-11　直线对投影面的各种位置

2. 直线在三投影体系中的投影特性

直线按其与投影面的相对位置分为三类:投影面垂直线、投影面平行线、一般位置直线。其中,投影面垂直线和投影面平行线统称为特殊位置直线。直线与投影面 H、V、W 的倾角分别用 α、β、γ 标记。不同位置的直线具有不同的投影特性。

直线
一般位置直线:对三个投影面 H、V、W 都倾斜

投影面平行线:只平行于一个投影面
水平线(H 面平行线):$/\!/H$ 面,对 V、W 倾斜
正平线(V 面平行线):$/\!/V$ 面,对 H、W 倾斜
侧平线(W 面平行线):$/\!/W$ 面,对 H、V 倾斜

投影面垂直线:垂直于一个投影面,平行于另两个投影面
铅垂线(H 面垂直线):$\perp H$ 面,$/\!/V$ 面,$/\!/W$ 面
正垂线(V 面垂直线):$\perp V$ 面,$/\!/H$ 面,$/\!/W$ 面
侧垂线(W 面垂直线):$\perp W$ 面,$/\!/H$ 面,$/\!/V$ 面

1)投影面垂直线

垂直于一个投影面的直线(一定平行于其他两个投影面),称为投影面垂直线。垂直 H 面的直线称为铅垂线;垂直于 V 面的直线称为正垂线;垂直于 W 面的直线称为侧垂线。

其投影图和投影特性见表 3-1。

表 3-1　投影面垂直线

名称	铅垂线($AB \perp H$ 面)	正垂线($AC \perp V$ 面)	侧垂线($AD \perp W$ 面)
立体图	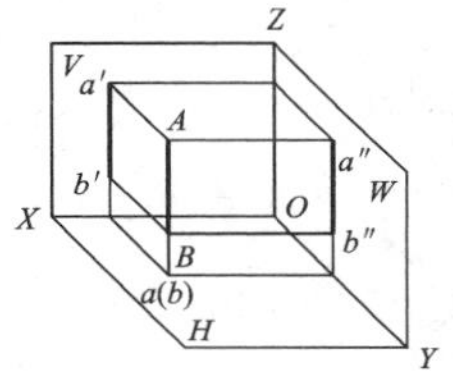	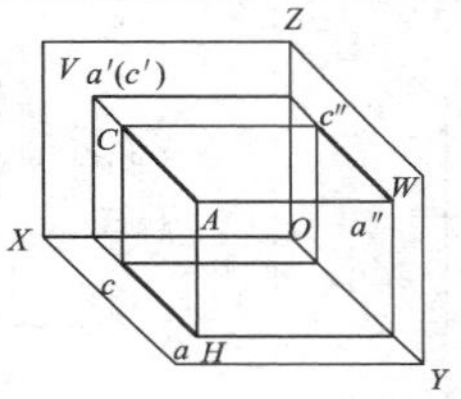	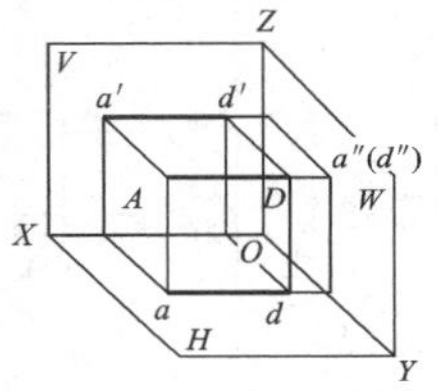
投影图	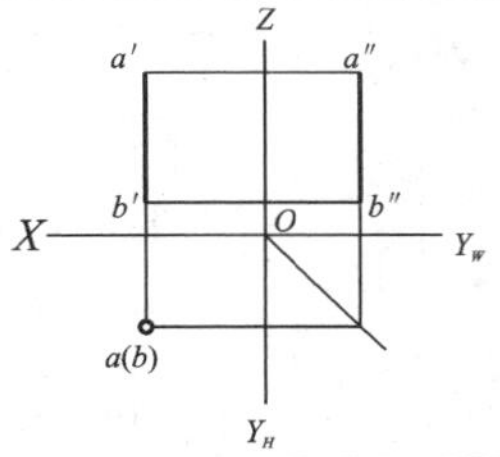	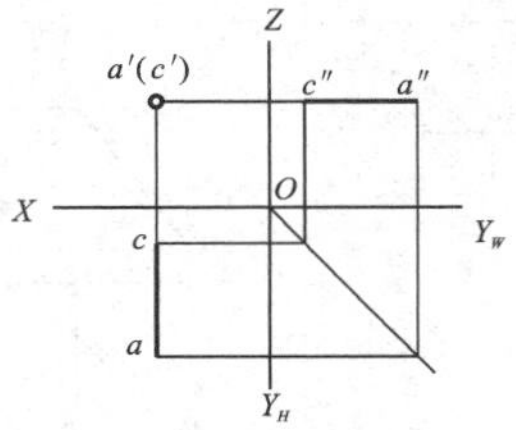	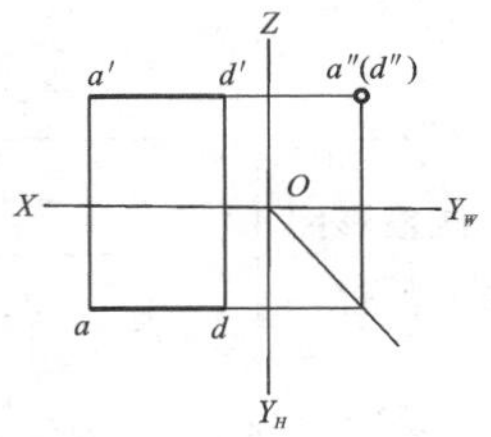
在形体投影图中的位置	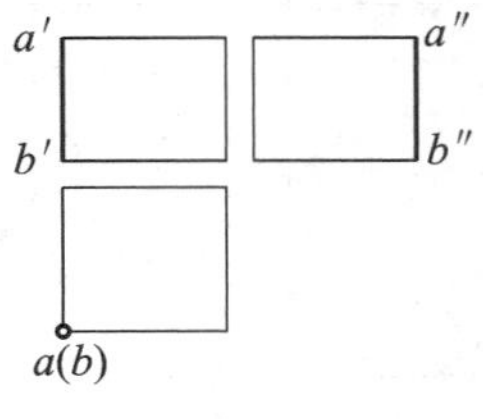	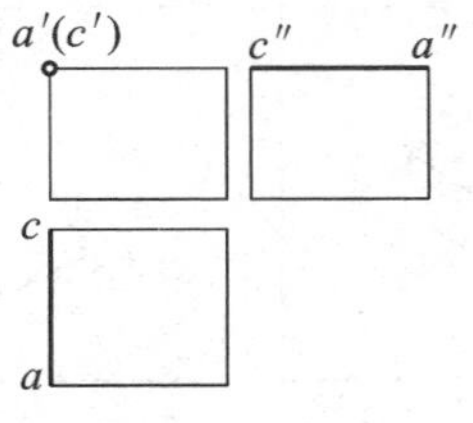	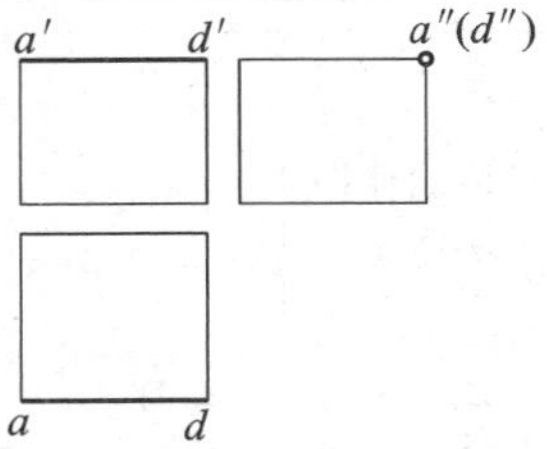
在形体立体图中的位置	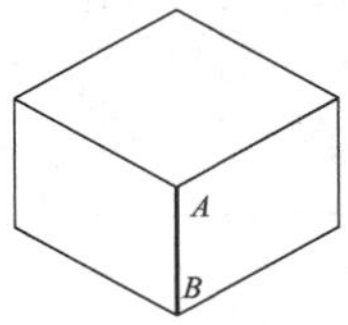	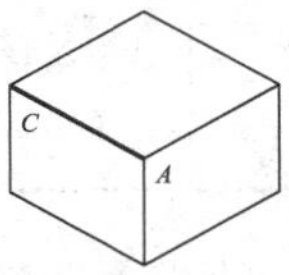	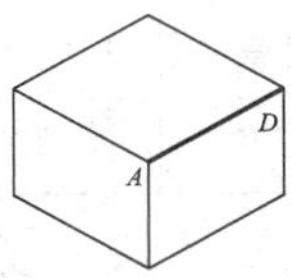
投影规律	(1) ab 积聚为一点 (2) $a'b' \perp OX$ 　$a''b'' \perp OY_W$ (3) $a'b' = a''b'' = AB$	(1) $a'c'$ 积聚为一点 (2) $ac \perp OX$ 　$a''c'' \perp OZ$ (3) $ac = a''c'' = AC$	(1) $a''d''$ 积聚为一点 (2) $ad \perp OY_H$ 　$a'd' \perp OZ$ (3) $ad = a'd' = AD$

由表 3-1 可归纳出投影面垂直线的投影特性,具体如下。

(1) 在其所垂直的投影面上的投影积聚为一点。

(2) 另外两个投影面上的投影平行于同一条投影轴,并且均反映线段的实长。

2)投影面平行线

其投影图和投影特性见表 3-2。

表 3-2　投影面平行线

名称	水平线($AB/\!/H$ 面)	正平线($AC/\!/V$ 面)	侧平线($AD/\!/W$ 面)
立体图			
投影图			
在形体投影图中的位置			
在形体立体图中的位置			
投影规律	(1) ab 与投影轴倾斜,$ab=AB$;反映倾角 β、γ 的实形 (2) $a'b'/\!/OX$、$a''b''/\!/OY_W$	(1) $a'c'$ 与投影轴倾斜,$a'c'=AC$;反映倾角 α、γ 的实形 (2) $ac/\!/OX$、$a''c''/\!/OZ$	(1) $a''d''$ 与投影轴倾斜,$a''d''=AD$;反映倾角 α、β 的实形 (2) $ad/\!/OY_H$、$a'd'/\!/OZ$

由表 3-2 可归纳出投影面平行线的投影特性,具体如下。

(1) 在所平行的投影面上的投影,反映线段的实长。该投影与相应投影轴的夹角反映直线与其他两个投影面的真实倾角。

(2) 另两个投影平行于相应的投影轴,其长度小于实长。

44

3）投影面倾斜线

与三个投影面都倾斜的直线称为投影面倾斜线或一般位置直线。如图 3-12 所示,直线 AB 倾斜于三个投影面,因此在三个投影面上的投影都倾斜于投影轴,其投影长度都小于实长。各投影与投影轴的夹角都不反映直线对投影面的倾角。

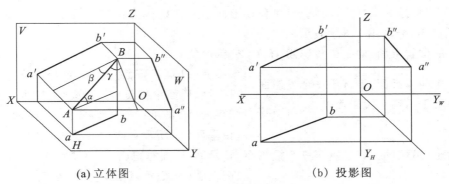

（a）立体图　　　　　　　　　　　　　（b）投影图

图 3-12　投影面的倾斜线

任务 3　平面的投影

一、平面的投影

平面可以是无限延伸的,那么平面的表示可以用下列任一组几何元素来表示。

（1）不在同一直线的三点,如图 3-13(a)所示。

（2）一直线和直线外一点,如图 3-13(b)所示。

（3）两相交直线,如图 3-13(c)所示。

（4）两平行线,如图 3-13(d)所示。

（5）平面图形,如图 3-13(e)所示。

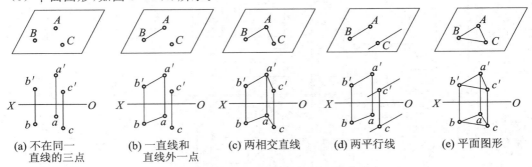

（a）不在同一　　　（b）一直线和　　　（c）两相交直线　　（d）两平行线　　（e）平面图形
　直线的三点　　　　直线外一点

图 3-13　几何要素表示平面

二、各种位置平面的投影

平面按与投影面的相对位置分为三类，即投影面平行面、投影面垂直面和投影面的倾斜面或称一般位置平面。其中投影面平行面和投影面垂直面统称为特殊位置平面。平面与投影面 H、V、W 的倾角，分别用 α、β、γ 表示。

平面 $\begin{cases} \text{一般位置平面：对三个投影面 } H\text{、}V\text{、}W \text{ 都倾斜} \\[4pt] \text{投影面平行面：平行于一个投影面，} \\ \text{垂直于另两个投影面} \begin{cases} \text{水平面（}H\text{ 面平行面）：}/\!/H\text{ 面，}\perp V\text{ 面，}\perp W\text{ 面} \\ \text{正平面（}V\text{ 面平行面）：}/\!/V\text{ 面，}\perp H\text{ 面，}\perp W\text{ 面} \\ \text{侧平面（}W\text{ 面平行面）：}/\!/W\text{ 面，}\perp H\text{ 面，}\perp V\text{ 面} \end{cases} \\[4pt] \text{投影面垂直面：只垂直于一个投影面} \begin{cases} \text{铅垂面（}H\text{ 面垂直面）：}\perp H\text{ 面，对 }V\text{、}W\text{ 面倾斜} \\ \text{正垂面（}V\text{ 面垂直面）：}\perp V\text{ 面，对 }H\text{、}W\text{ 面倾斜} \\ \text{侧垂面（}W\text{ 面垂直面）：}\perp W\text{ 面，对 }H\text{、}V\text{ 面倾斜} \end{cases} \end{cases}$

1. 投影面平行面

其投影图和投影特性见表3-3。

表 3-3　投影面平行面

名称	水平面（$A/\!/H$）	正平面（$B/\!/V$）	侧平面（$C/\!/W$）
立体图	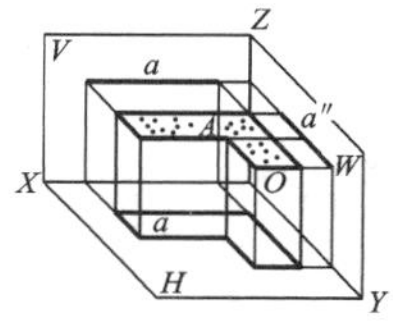	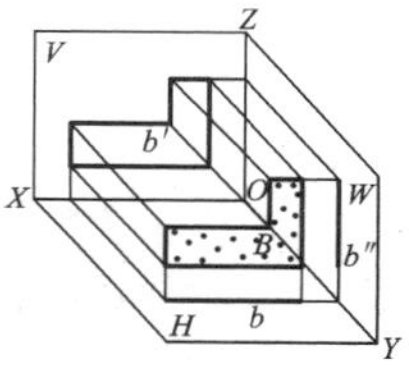	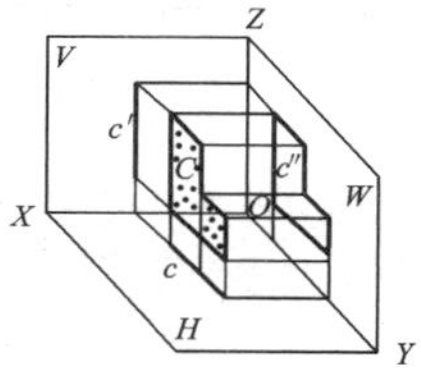
投影图	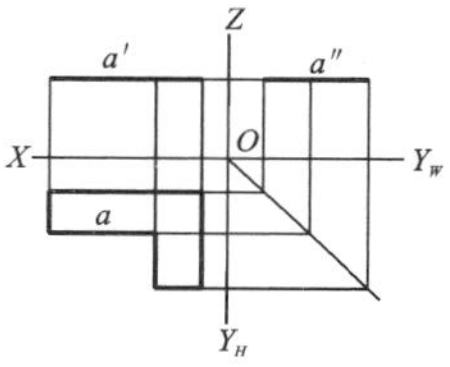	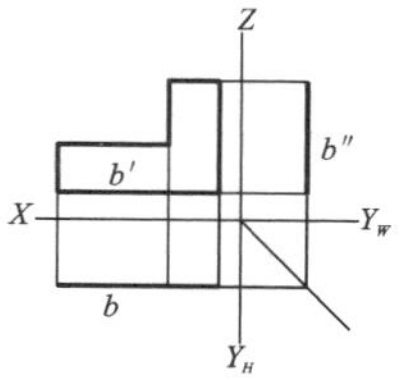	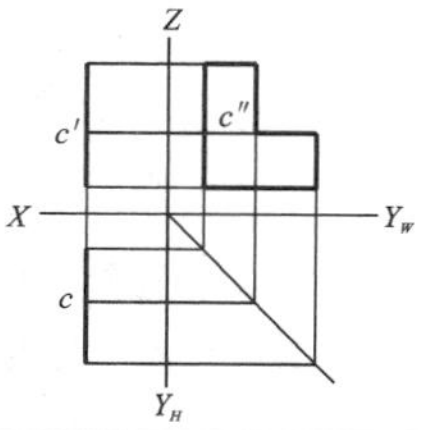
在形体投影图中的位置	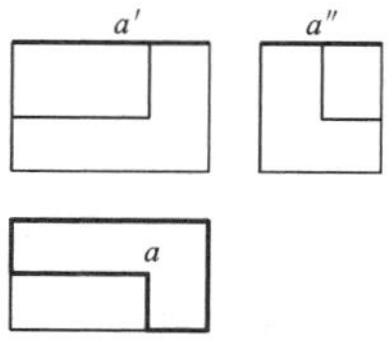	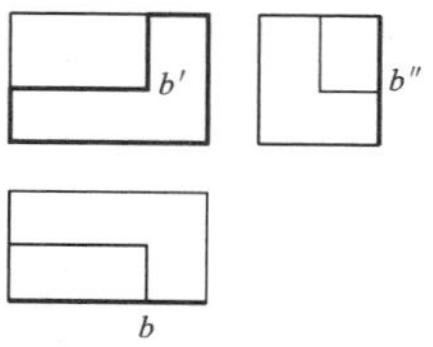	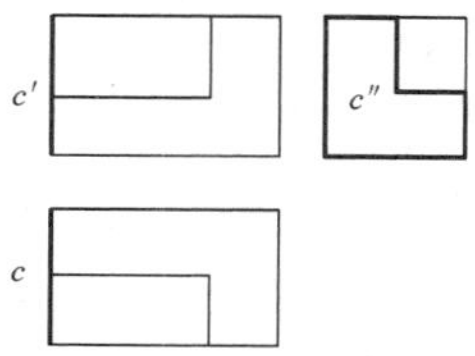
在形体立体图中的位置	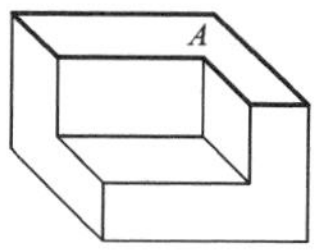	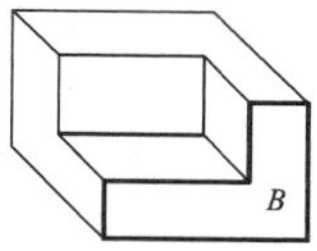	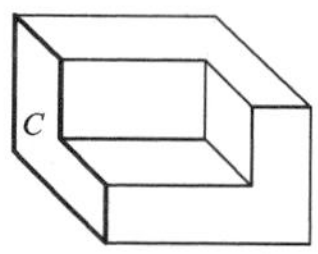

续表

名称	水平面(A//H)	正平面(B//V)	侧平面(C//W)
投影规律	(1) H 面投影 a 反映实形 (2) V 面投影 a′ 和 W 面投影 a″ 积聚为直线,分别平行于 OX、OY_W 轴	(1) V 面投影 b′ 反映实形 (2) H 面投影 b 和 W 面投影 b″ 积聚为直线,分别平行于 OX、OZ 轴	(1) W 面投影 c″ 反映实形 (2) H 面投影 c 和 V 面投影 c′ 积聚为直线,分别平行于 OY_H、OZ 轴

由表 3-3 可归纳出投影面平行面的投影特性,具体如下。

(1) 在其所平行的投影面上的投影,反映平面图形的实形。

(2) 在另外两个投影面上的投影,均积聚成直线且平行于相应的投影轴。

2. 投影面垂直面

其投影图和投影特性见表 3-4。

表 3-4　投影面垂直面

名称	铅垂面(A⊥H)	正垂面(B⊥V)	侧垂面(C⊥W)
立体图	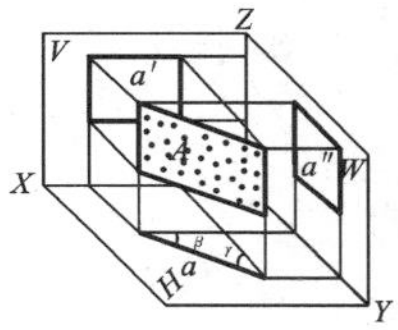	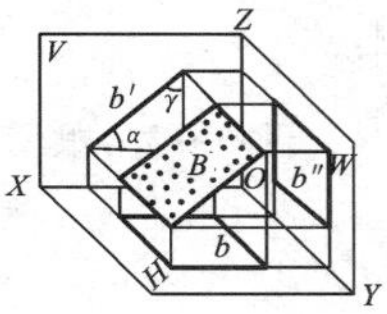	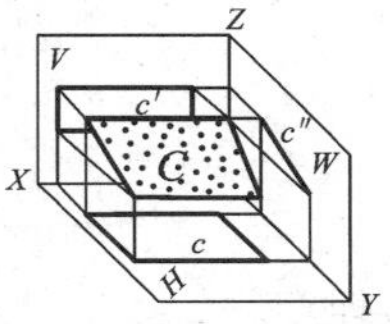
投影图	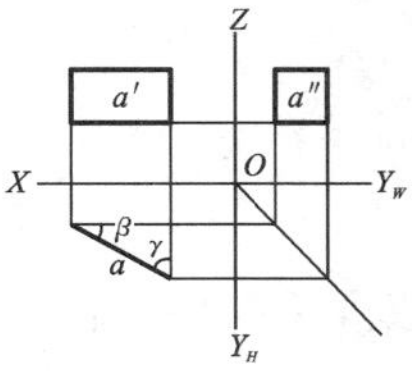	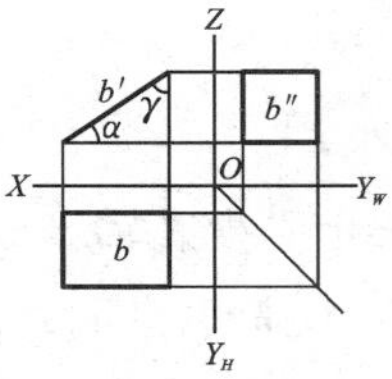	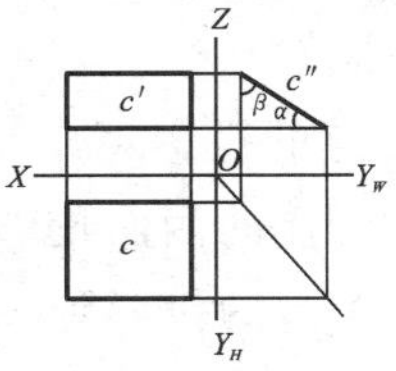
在形体投影图中的位置	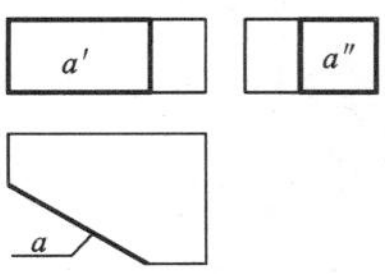	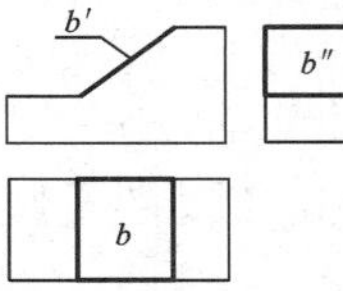	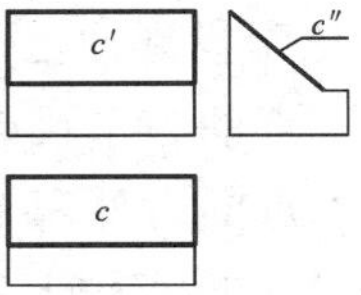
在形体立体图中的位置	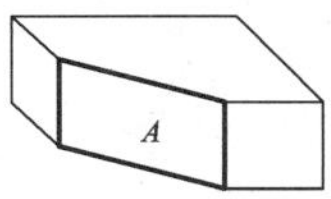	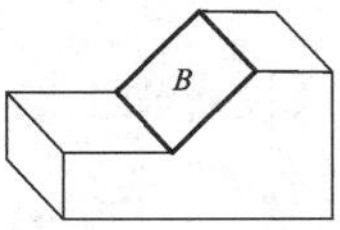	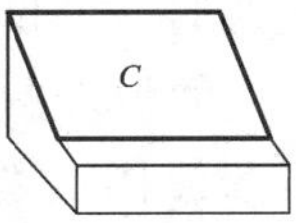
投影规律	(1) H 面投影 a 积聚为一条斜线且反映 β、γ 的实形 (2) V 面投影 a′ 和 W 面投影 a″ 小于实形,是类似形	(1) V 面投影 b′ 积聚为一条斜线且反映 α、γ 的实形 (2) H 面投影 b 和 W 面投影 b″ 小于实形,是类似形	(1) W 面投影 c″ 积聚为一条斜线且反映 α、β 的实形 (2) H 面投影 c 和 V 面投影 c′ 小于实形,是类似形

由表 3-4 可归纳出投影面垂直面的投影特性,具体如下。

(1) 在其所垂直的投影面上的投影积聚成一条直线,该直线与投影轴的夹角反映平面与其他两个投影面的真实倾角。

(2) 在另外两个投影面上的投影,为面积缩小的类似形。

3. 投影面倾斜面

投影面倾斜面与三个投影面都倾斜,投影面倾斜面的三面投影都没有积聚性,也都不反映实形,均为比原平面图形小的类似形(见图 3-14)。

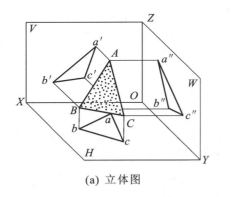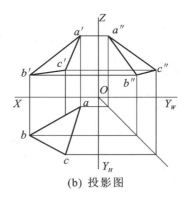

(a) 立体图   (b) 投影图

图 3-14 投影面倾斜面

项目小结

1.点的投影规律

(1) 点的两面投影连线垂直于相应投影轴。

(2) 点的投影到投影轴的距离,反映该空间点到相应的投影面的距离。

2.特殊位置点的投影规律

1)位于投影面上的点

(1) 点的一个投影与空间点本身重合。

(2) 点的另外两个投影,分别处于不同的投影轴上。

2)位于投影轴上的点

(1) 点的一个投影与原点重合。

(2) 点的另外两个投影重合于该投影轴上的原点。

3.在投影图上判断空间两点相对位置关系

在 H 面上,可判断左右和前后的关系;在 V 面上,可判断左右和上下的关系;在 W 面上,可判断上下和前后的关系。

4.重影点及可见性

当空间两点在对投影面的同一条投影线上,则在该投影面上此二点的投影便相互重合,这两点称为对该投影面的重影点。

当投影面上出现重影点,应根据它们相应的第三个坐标的大小来确定,坐标大的点是重影点中的可见点。不可见的点,规定加圆括号以示区别。

5.直线的投影:分别作出它的两端点的三面投影,并将两端点的同名投影相连,即为直线的三面投影图。

6.直线按其与投影面的相对位置分为三类:投影面垂直线、投影面平行线、一般位置直线。

1)投影面垂直线的投影特性

(1)在其所垂直的投影面上的投影积聚为一点。

(2)另外两个投影面上的投影平行于同一条投影轴,并且均反映线段的实长。

2)投影面平行线的投影特性

(1)在所平行的投影面上的投影,反映线段的实长。该投影与相应投影轴的夹角反映直线与其他两个投影面的真实倾角。

(2)另两个投影平行于相应的投影轴,其长度小于实长。

7.平面按与投影面的相对位置分为三类,即投影面平行面、投影面垂直面和投影面的倾斜面或称一般位置平面。

1)投影面平行面的投影特性

(1)在其所平行的投影面上的投影,反映平面图形的实形。

(2)在另外两个投影面上的投影,均积聚成直线且平行于相应的投影轴。

2)投影面垂直面的投影特性

(1)在其所垂直的投影面上的投影积聚成一条直线,该直线与投影轴的夹角反映平面与其他两个投影面的真实倾角。

(2)在另外两个投影面上的投影,为面积缩小的类似形。

项　目 4

立体的投影

学习目标

知识目标

（1）掌握基本体的投影特性及作图方法。

（2）了解基本体表面上点、线的三面投影的作图方法。

（3）掌握截交线和相贯线的投影特性。

（4）熟悉组合体的组合形式。

（5）掌握绘制、识读组合体的三面投影图的方法。

能力目标

（1）能识读三面投影图，想象立体空间形状。

（2）能应用三面投影图的投影规律，绘制组合体的三面投影图。

（3）能应用形体分析法、线面分析法分析组合体三面投影图。

（4）能识读、绘制组合体三面投影图。

任务 1 基本体的投影

任何建筑形体都可以看成是由基本形体按照一定的方式组合而成。基本形体分为平面立体和曲面立体两大类，表面由平面围成的形体称为平面立体，如棱柱、棱锥等；表面由曲面或曲面与平面围成的形体称为曲面立体，如圆柱、圆锥等。

一、平面立体

平面立体是由若干个平面围成的立体。常见的平面立体有棱柱、棱锥和棱台。平面立体的三面投影图就是各平面以及平面与平面相交棱线的投影，因此作平面立体的投影时，应分析围成立体的各个平面以及棱线的投影特点，并注意投影中的可见性和重影问题。

1. 棱柱

棱柱是由上、下底面和若干侧面围成的基本形体（见图 4-1、图 4-2）。棱柱的上、下底面形状大小完全相同且相互平行；每两个侧面的交线为棱线又称为侧棱，有几个侧面就有几条侧棱线。侧棱垂直于底面的棱柱称为直棱柱，侧棱不垂直于底面的棱柱称为斜棱柱。本任务只讨论直棱柱。

图 4-2(a)所示的是六棱柱，上下底面为六边形是水平面，前后 2 个侧面为长方形是正平面，左右 4 个侧面为长方形是铅垂面。将六棱柱分别向三个投影面投影，得到的三面投影图如图 4-2(b)所示。

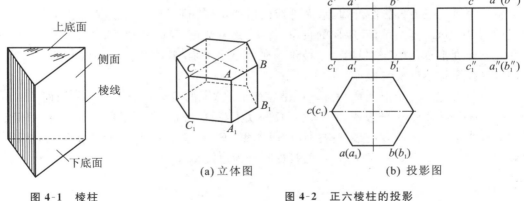

(a) 立体图   (b) 投影图

图 4-1 棱柱   **图 4-2 正六棱柱的投影**

分析六棱柱的三面投影图可知：水平投影面为六边形，从形体的平面投影的角度看，它可以看作上下底面的重合投影（上底面可见，下底面不可见），并反映实形，六边形的边也可以看作垂直于水平投影面的六个侧面的积聚投影。

正面投影为三个长方形，中间的长方形投影可看成前后 2 个平行于正投影面的侧面的重合投影(前侧面可见,后侧面不可见),并反映实形。两侧的长方形投影可看作左右侧面的投影,但均不反映实形。上下底面的积聚投影是正面投影的最上和最下的两条横线。

侧面投影为两个长方形,它是左右 4 个侧面的重合投影(左侧面可见,右侧面不可见),但均不反映实形。左右 2 个侧面投影积聚为侧面投影的左右两条边线,上下底面的积聚投影是最上和最下的两条横线。

2. 棱锥

由一个底面和若干个侧面围成,各个侧面的各条棱线相交于顶点的形体称为棱锥。顶点常用字母 S 来表示,顶点到底面的垂直距离称为棱锥的高。三棱锥底面为三角形,有 3 个侧面及 3 条棱线;四棱锥的底面为四边形,有 4 个侧面及 4 条棱线;依次类推。

图 4-3(a)所示为一个三棱锥,顶点为 S,三条棱线分别为 SA、SB、SC。其底面 △ABC 是水平面,后侧面 △SAC 是侧垂面,左右两个侧面 △SAB 和 △SBC 是一般位置平面。将三棱锥分别向三个投影面投影,得到的三面投影图如图 4-3(b)所示。

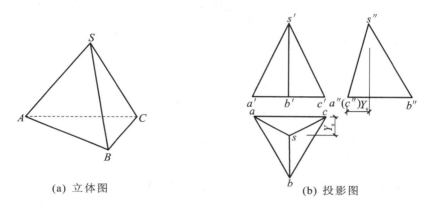

(a) 立体图　　　　　　　　　(b) 投影图

图 4-3　三棱锥的投影

分析三棱锥的三面投影图可知:水平投影面由四个三角形组成,分别是三棱锥的 4 个面投影形成的,其中△sab 是左侧面 SAB 的投影,△sbc 是右侧面 SBC 的投影,△sac 是后侧面 SAC 的投影,△abc 是底面 ABC 的投影。三棱锥的底面是水平面,其投影△abc 反映实形,其余 3 个侧面的水平投影均不反映实形。

正面投影由三个三角形组成,△s'a'b' 是左侧面 SAB 的投影,△s'b'c' 是右侧面 SBC 的投影,△s'a'c' 是后侧面 SAC 的投影,它们均不反映实形,投影底边 a'b'c' 是底面 ABC 的积聚投影。

侧面投影是一个三角形,它是左右侧面 SAB 和 SBC 的重合投影,不反映实形,后侧面 SAC 的投影积聚为边线 s''a''(c''),底面 ABC 的投影积聚为边线 a''(c'')b''。

3. 棱台

棱锥的顶部被平行于底面的平面截切后即形成棱台。图 4-4(a)所示的为四棱台立体图,其形体特点为:两个底面为大小不同、相互平行且形状相似的多边形,各侧面均为等腰梯形。

图 4-4(b)所示为四棱台的投影图,其画法思路同四棱锥。应当注意的是:画每个投影图都应先画上、下底面,然后画出各侧棱。

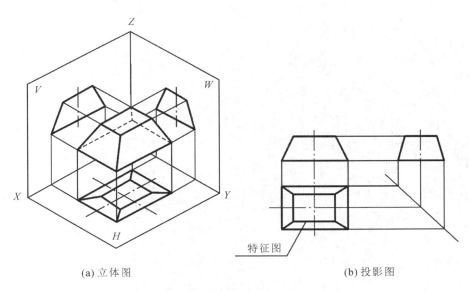

(a) 立体图   (b) 投影图

图 4-4   四棱台的三投影图

二、曲面立体

　　由曲面或由曲面与平面围成的立体,称为曲面立体。工程上常见的曲面立体有圆柱、圆锥和球体等。由于这些曲面是由直线或曲线作为母线绕定轴回转而成,所以又称为回转体。

　　回转面是由一根曲线或直线绕一固定轴线旋转一周所形成的曲面,该曲线或直线称为母线,母线在回转面上的任意位置称为素线,母线上任一点的轨迹称为纬线圆并垂直于轴线。

1. 圆柱

　　圆柱是由上、下底面和圆柱面组成。圆柱面可以看作是一条直母线绕与它平行的轴线旋转而成。

　　图 4-5(a)所示为圆柱体,直立的圆柱轴线是铅垂线,则圆柱面上的任一直素线都是铅垂线。上下底面圆形是水平面,将圆柱体分别向三个投影面投影,得到的三面投影图如图 4-5(b)所示。

　　水平投影是一个圆,它是上下底面的重合投影,反映实形。而圆周也是圆柱面的积聚投影。

　　正面投影和侧面投影均为一个矩形,是两个半圆柱面的重合投影,上下两条横线是上、下两个底面的积聚投影,左右两条竖线是圆柱面上最左(后)和最右(前)两条轮廓素线的投影,这两条素线的水平投影积聚成为点。

2. 圆锥

　　圆锥是由圆锥面和底面组成,圆锥面可以看作是由一条直母线绕与其相交的轴线回转而成。

　　图 4-6(a)所示为圆锥体,圆锥体的轴线是铅垂线,底面圆形是水平面,其三面投影图如图 4-6(b)所示。

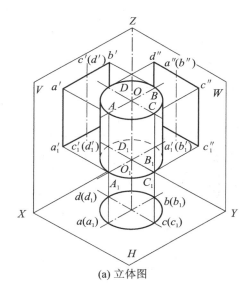

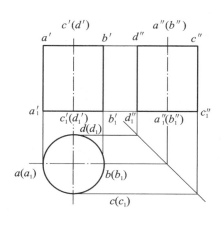

(a) 立体图　　　　　　　　　　　　　　(b) 投影图

图 4-5　圆柱的投影

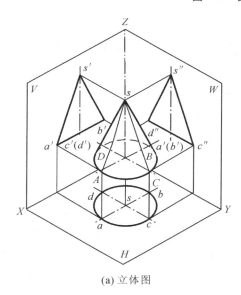

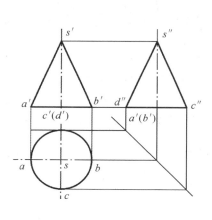

(a) 立体图　　　　　　　　　　　　　　(b) 投影图

图 4-6　圆锥的投影

水平投影是一个圆,它是圆锥面和底面的重合投影,反映底面的实形,圆心是锥顶的水平投影。

正面投影和侧面投影为三角形,是两个半圆锥面的重合投影。三角形的两边线是圆锥最左(后)和最右(前)的两条轮廓素线的投影,三角形底边是圆锥底面的积聚投影。

3. 球体

球是球面围成的,球面可以看作是半圆或圆围绕一条轴线回转而成。

图 4-7(a)所示为球体,其三面投影图如图 4-7(b)所示。球体的三面投影是 3 个直径相等的

圆,这 3 个圆是球面上的轮廓圆的投影,圆心是球心的投影。

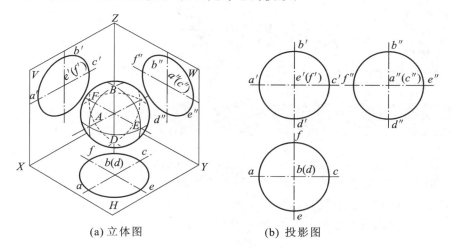

(a) 立体图　　　　　　(b) 投影图

图 4-7　球的投影

4. 圆环

如图 4-8(a)所示圆环可以看成是以圆为母线,绕与圆在同一平面内、但不通过圆心的轴线旋转而成。外半圆形成外环面,内半圆形成内环面。

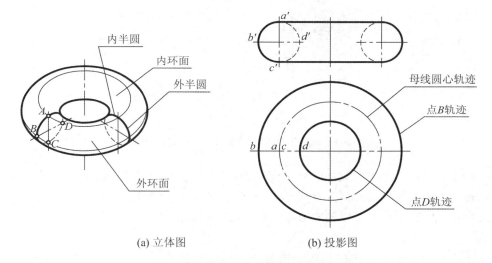

(a) 立体图　　　　　　(b) 投影图

图 4-8　圆环的投影

如图 4-8(b)所示,画投影图时,首先画出中心线,其次在 V 面投影中画出平行于正面的两个素线圆,再画出母线圆上最高点 A 和最低点 C 的轨迹的投影(为两条水平线),其中内半圆的投影为不可见,应画成虚线。环面的水平投影应画出母线圆上距旋转轴最远点 B 和最近点 D 以及母线圆的圆心轨迹的投影,它们是半径不等的三个圆,其中母线圆的圆心轨迹的投影用点画线表示。

任务 **2** 立体的截交线

一、平面与平面体的交线

　　平面体被一平面截割后形成的截交线，为截切面上的封闭折线，折线的每一线段为形体的棱面与截切面的交线。转折点为平面体的棱线与截切面的交点。因此，求作平面体截交线的方法为：先求出各棱线与截切面的交点，再依次连接各交点，并判别可见性。连点的原则为：只有位于立体同一面上又同时位于同一截切面上的相邻两点方可连接。下面举例说明求作截交线的方法。

　　例 4-1　已知正六棱柱被一正垂面所截切，求截交线的侧面投影，如图 4-9(a)所示。

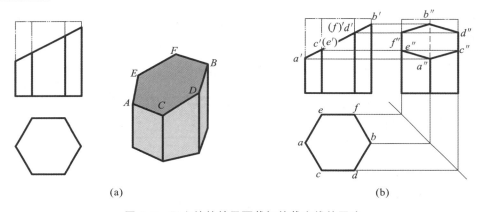

(a)　　　　　　　　　　　　　　(b)

图 4-9　正六棱柱被平面截切的截交线的画法

　　分析　截平面与六棱柱的 6 个侧棱面相交，截交线为六边形，其 6 个顶点是截平面与六棱柱的 6 条棱线的交点。因为截平面是正垂面，所以截交线的正面投影积聚成一条直线，其水平投影与六棱柱的水平投影的六边形重合，其侧面投影为断面的类似形。

　　其作图过程如下。

　　在六棱柱正面投影上依次标出截平面与 6 条棱线的交点 A、B、C、D、E、F 的正面投影 a′、b′、c′、d′、e′、f′和水平投影 a、b、c、d、e、f。根据在直线上取点的方法，由 a′、b′、c′、d′、e′、f′和 a、b、c、d、e、f，求出相应的侧面投影 a″、b″、c″、d″、e″、f″。依次将同面投影连接起来，并判断其可见性，即可得截交线的投影。其具体的作图过程如图 4-9(b)所示。

　　例 4-2　已知正三棱锥被一正垂面和一水平面截切，完成其截切后的水平投影和侧面投影，如图 4-10(a)所示。

　　分析　三棱锥被水平面截切，其正面投影和侧面投影具有积聚性，设想该截平面扩大，使其与三棱锥全部侧面完整相交，则此时截交线为一与底面平行的三角形，另外一个截平面

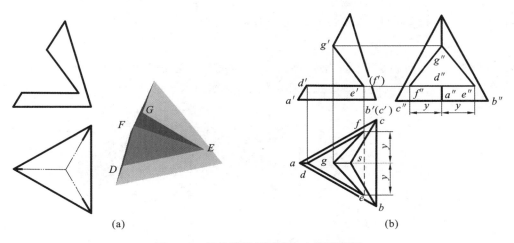

图 4-10　三棱锥被正垂面和水平面截切

的存在,使此截断面实际上不完全,应为三角形 DEF。正垂面截切三棱锥时与棱锥交于点 G、F、E,其中点 G 位于棱锥的棱线上,点 E、F 已求出,EF 的连线也是水平面和正垂面的交线。

其作图过程如下。

作出完整三棱锥的侧面投影。作水平截切面与三棱锥的截交线 DEF,其中直线 DE、DF 分别与棱锥的底边平行。再作出正垂面与三棱锥相交时的截交线 GEF,但应注意的是,直线 EF 为两截平面的交线,其水平投影是不可见的虚线。其具体作图过程如图 4-10(b)所示。

二、平面与圆柱面的交线

根据截切面或平面与圆柱面的相对位置不同,平面与圆柱体的交线有圆、椭圆、矩形三种形状,见表 4-1。

表 4-1　圆柱上交线的情况

截平面位置	与轴线垂直	与轴线倾斜	与轴线平行
截交线形状	圆	椭圆	矩形
立体图			
投影图			

例4-3 已知圆柱被截切后的正面投影、侧面投影,求截切后圆柱的水平投影,如图4-11(a)所示。

分析 平面倾斜于圆柱轴线,截交线的空间形状为椭圆,如图4-11(a)所示。截交线的正面投影积聚为直线,其侧面投影积聚在圆周上,交线的水平投影为椭圆。

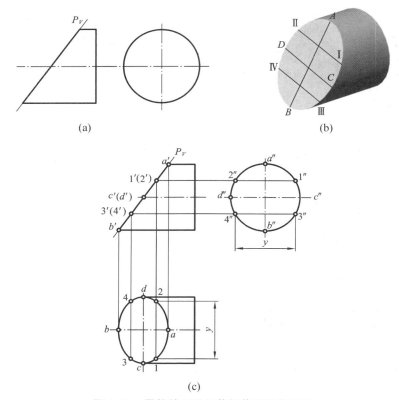

(a)　　　　　(b)

(c)

图4-11 圆柱被正垂面截切截交线的画法

步骤 (1)作特殊点 首先找出椭圆长、短轴的点A(最上或最右点)、B(最左或最下点)、C(最前点)、D(最后点)。这四个点在圆柱的转向轮廓线上,利用"三等"关系求出点A、B、C、D的三面投影。

(2)作一般点 找出一般点Ⅰ、Ⅱ、Ⅲ、Ⅳ,利用"三等"关系求出Ⅰ、Ⅱ、Ⅲ、Ⅳ的三面投影,如图4-11(b)所示。

(3)连线、判别可见性、整理轮廓线 把上面所求点的水平投影点a、1、c、3、b、4、d、2依次用光滑曲线连接,得交线的水平投影椭圆。从点C、D向左,圆柱的水平投影转向轮廓线被切,轮廓线应擦去,如图4-11(c)所示。

作图 (1)求特殊点(一般指投影轮廓线上的点及转折点)。根据交线的V面已知投影P_V和H面已知投影圆周,找出W面轮廓线上的点Ⅰ、Ⅱ、Ⅲ、Ⅳ的投影,即根据1、2、3、4找出1′、2′、3′、4′,再根据规律求出1″、2″、3″、4″,如图4-6(b)所示。

(2)求一般点,为使作图准确,需要再求交线上若干个一般点。例如在截交线H面投影上任取点Ⅴ,据此求得V面投影5′和W面投影5。由于其是对称图形,可作出与点5对称的点Ⅵ、

Ⅶ、Ⅷ、Ⅷ 的各投影。

（3）连接点，在 H 面投影上顺次连接 $1''-5''-3''-7''-2''-8''-4''-4''-1''$ 各点，即为椭圆形截交线的 H 面投影。

例 4-4 已知轴线铅垂放置的圆柱被一水平面和两个侧平面所截，求截后的圆柱的侧面投影，如图 4-12 所示。

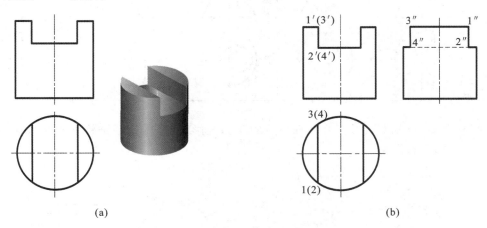

(a)　　　　　　　　　　　　　　(b)

图 4-12　圆柱被平面截切的截交线的画法

分析 从已知条件可知，圆柱是由一个水平面和两个侧平面截切的。在正面投影中，三个截平面投影均积聚为直线；在水平投影中，两个侧平截平面的投影积聚为直线，水平截平面的投影为带圆弧的平面图形，并且反映实形；在侧面投影中，两个侧平截平面的投影为矩形，反映实形且重合在一起，水平截平面的投影积聚为直线（被圆柱面遮住的一段不可见，应画成虚线）。

其作图过程如下。

先画出完整的圆柱体的侧面投影，再画出截交线的侧面投影。根据 12、$1'2'$ 和 34、$3'4'$ 求出 $1''2''$ 和 $3''4''$，注意 $2''4''$ 是虚线。

三、平面与圆锥体的交线

根据截切面或平面与圆锥轴线相对位置的不同，可产生五种不同形状的交线，见表 4-2。

表 4-2　圆锥上交线的情况

截平面位置	过锥顶	与轴线垂直 $\theta=90°$	与轴线倾斜 $\theta>\alpha$	平行于一条素线 $\theta=\alpha$	与轴线平行或倾斜 $0\leq\theta<\alpha$
截交线形状	等腰三角形	圆	椭圆	抛物线＋直线段	双曲线＋直线段
立体图					

续表

截平面位置	过锥顶	与轴线垂直 $\theta=90°$	与轴线倾斜 $\theta>\alpha$	平行于一条素线 $\theta=\alpha$	与轴线平行或倾斜 $0\leqslant\theta<\alpha$
投影图	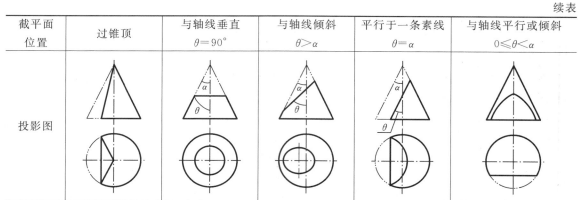				

例 4-5 已知圆锥被正垂面截切后的正面投影,补全截切后圆锥的水平投影、侧面投影,如图4-13(a)所示。

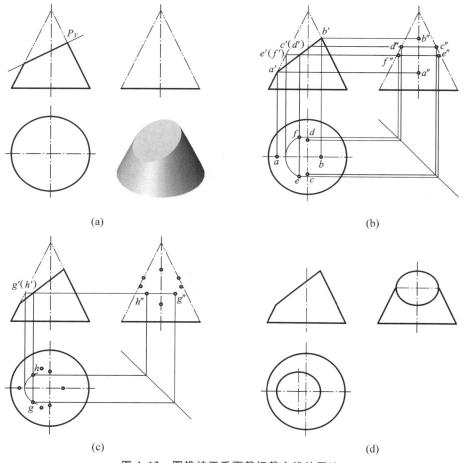

(a)

(b)

(c)

(d)

图 4-13 圆锥被正垂面截切截交线的画法

分析 圆锥被正垂面截切,截交线的空间形状为椭圆。截交线在正面投影积聚为一直线段,在另两投影中的图形均为椭圆的类似形,如图 4-13(a)所示。

作图 （1）求特殊点：截交线椭圆长轴 AB 与短轴 EF 互相垂直平分，它们各处于正平线和正垂线的位置，在正面投影上为点 a'、b'、$e'(f')$。点 $e'(f')$ 是 $a'b'$ 的中点，这些点分别为截交线的最高、最低、最前、最后点，点 C、D 也是特殊点，是圆锥侧面投影转向轮廓线上的点；由于点 a'、b'、c'、d' 是圆锥转向轮廓线上点的投影，利用"三等"关系，作点 a、b、c、d 和点 a''、b''、c''、d''。利用纬圆法作点 e、f 和点 e''、f''，如图 4-13（b）所示。

（2）求一般点：点 G、H 为截交线上的一般位置点，通过纬圆法求得点 g、h 和点 g''、h''，如图 4-13（c）所示。将所求点顺次光滑连接，圆锥从点 C、D 向上的侧面投影轮廓线被切，其投影删除。水平投影、侧面投影中的椭圆投影均可见，如图 4-13（d）所示。

四、平面与球体的交线

平面截切球体时，不管截切面的位置如何，截交线的空间形状总是圆。当截切面倾斜于投影面时，截交线在该面上的投影为椭圆。

例 4-6 如图 4-14 所示，已知球被正垂面 P 截切，求被截切后球的 H 面和 W 面投影。

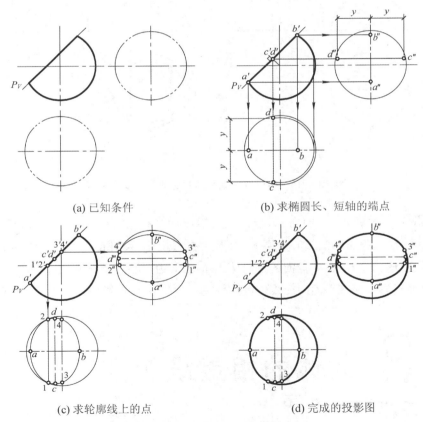

(a) 已知条件　　　　　(b) 求椭圆长、短轴的端点

(c) 求轮廓线上的点　　　　　(d) 完成的投影图

图 4-14　圆球被正垂面截切的截交线的画法

分析 由于截平面 P 为正垂面，所以截交线是一个正垂圆。截交线的 V 面投影为

直线,反映截交线圆的直径的实长。截交线的 H 面和 W 面投影为椭圆。

作图 利用球面上作点的方法作出椭圆上的若干个点。

(1) 求作椭圆长、短轴的端点。如图 4-14(b)所示,由截交线的 V 面投影可知椭圆长、短轴端点 C、D、A、B 的 V 面投影 c'、d'、a'、b',根据投影规律,作出 c、d、a、b 和 c''、d''、a''、b''。

(2) 求作球面轮廓线上的点。如图 4-14(c)所示,由截交线的 V 面投影可知球面水平轮廓线上的点 Ⅰ、Ⅱ 的 V 面投影 $1'$、$2'$,球面侧面轮廓线上的点 Ⅲ、Ⅳ 的 V 面投影 $3'$、$4'$,根据投影规律,作出 1、2、3、4 和 $1''$、$2''$、$3''$、$4''$。

(3) 用光滑的曲线把各点连接成椭圆曲线,即为所求(见图 4-14(d))。

例 4-7 如图 4-15(a)所示,已知带切口半球的 V 面投影,求作 H 面和 W 面投影。

分析 半球的切口由一个水平截平面和两个侧平截平面组成,并对称于半球的对称面。水平截平面与半球的截交线为圆,在 H 面投影中反映为圆的实形。侧平截平面与半球的截交线为半圆,在 W 面投影中反映为半圆实形。

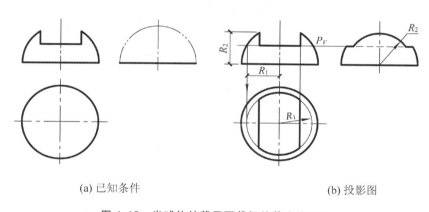

(a) 已知条件 (b) 投影图

图 4-15 半球体被截平面截切的截交线画法

作图 如图 4-15(b)所示,求出截交线圆的半径 R_1 和 R_2,在 H 面投影中,以 R_1 为半径、以半球面的 H 面投影圆的圆心为圆心画圆,由投影规律"长对正",得截交线的 H 面投影。在 W 面投影中,以 R_2 为半径,以半球面的 W 面投影的圆心为圆心画半圆弧,由投影规律"高平齐",得截交线的 W 面投影。两截平面的交线(是一段正垂线)在 W 面投影中不可见,应画成虚线。

任务 3 立体的相贯线

立体与立体相交,在立体的表面产生的交线称为相贯线。

两平面立体相交,产生的相贯线是封闭的多边形,多边形的交点在两平面立体相交的棱线上。两曲面立体相交,一般是空间封闭的曲线,特殊情况可以是平面曲线或直线。

一、平面体的相贯线

两平面体相贯,相贯线是封闭的折线,折线上的各转折点为两平面体上参与相交的棱线与平面相互的交点,求出这些交点的投影并依次连接起来,即可得两平面体相贯线的投影。连接原则为:只有位于立体的同一面上又同时位于另一立体的同一面上的相邻两点方可连接。

例 4-8 已知正五棱柱与平面相交,求相贯线的投影,如图 4-16 所示。

分析 对照图 4-9 和图 4-16 可看出,正棱柱的截交线与相贯线的空间形状相同,其相贯线的 H 面与 V 面投影也都有积聚性,为已知投影,需要求出相贯线的 W 面投影。

作图 其求作相贯线投影的方法与图 4-9 中求截交线投影的方法相同。不同之处为可见性的判别。

例 4-9 如图 4-17 所示,求作三棱锥与四棱柱的相贯线。

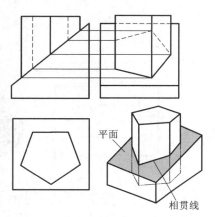

图 4-16 两平面立体的相贯线的画法

分析 对照图 4-10 和图 4-17 可看出,三棱锥上的截交线与相贯线的空间形状相同,其相贯线的 W 面投影积聚(已知),需要求出 H 面和 V 面相贯线的投影。

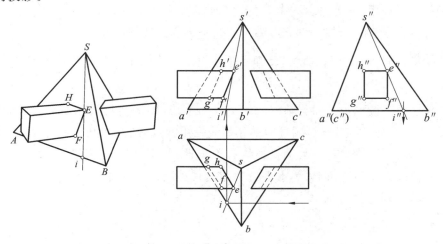

图 4-17 三棱锥与四棱柱相贯线的画法

作图 其求作相贯线投影的方法与图 4-10 中求截交线投影的方法相同。不同之处为可见性的判别。另外要注意,两相贯体公共部分融合为一体,其内部不存在看不见的棱线、面。

二、平面体与曲面体的相贯线

例 4-10 如图 4-18(a)所示,已知四棱柱与圆柱相交的水平投影和侧面投影,补画正面投影图。

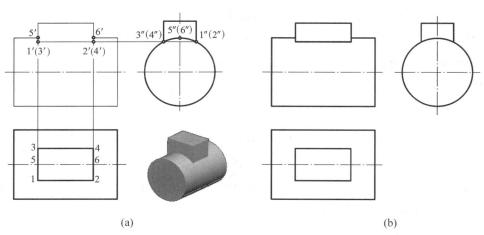

(a)   (b)

图 4-18　四棱柱与圆柱正交的相贯线的画法

分析 四棱柱前后两面与圆柱面的交线为素线;左右两面与圆柱面的交线为圆弧。相贯线为两段素线和两段圆弧组成的空间图形,且前后左右对称。水平投影、侧面投影有积聚性,投影已知,求相贯线的正面投影,如图 4-18(a)所示。

作图 利用"三等"关系,作素线的正面投影 1′(3′)2′(4′),圆弧的正面投影 1′(3′)5′、2′(4′)6′。依次连线,整理 5′6′之间的轮廓线,如图 4-18(a)、(b)所示。

例 4-11 如图 4-19(a)所示,已知半圆柱上挖三棱柱孔的水平投影和侧面投影,补画正面投影图。

分析 三棱柱正平面与圆柱面的交线为素线,侧平面与圆柱面的交线为圆弧,铅垂面与圆柱面的交线为一段椭圆弧,圆柱面的相贯线是由素线、圆弧和椭圆弧组成的空间图形,前后左右均不对称,相贯线的侧面、水平投影均有积聚性,投影已知,求相贯线的正面投影。三棱柱孔与底面的交线为直角三角形,其水平投影与三棱柱孔的水平投影重合,另两面投影均有积聚性,如图 4-19(a)所示。

作图 利用"三等"关系,作素线的正面投影(2′)(3′),(2′)(3′)不可见画细虚线。作圆弧的正面投影 1′(2′)4′,1′4′可见画粗实线。三棱柱孔的三条棱线的正面投影均不可见,画细虚线,如图 4-19(b)所示。作椭圆弧的投影,先作特殊点的正面投影点 1′、3′、5′,再作一般点的正面投影点 6′、7′,椭圆弧正面投影 1′6′5′可见,画粗实线。5′(7′)(3′)不可见,画细虚线,如图4-19(c)所示。

整理轮廓线 正面投影转向轮廓线上点Ⅳ、Ⅴ之间的轮廓线被切,其投影应擦除,检查加深图形,如图 4-19(d)所示。

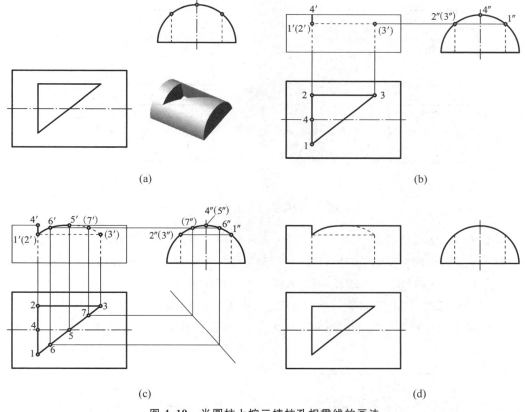

图 4-19　半圆柱上挖三棱柱孔相贯线的画法

三、两个圆柱相交

当两个圆柱相交且轴线垂直于投影面时,圆柱在该投影面上的投影积聚为圆,而交线的投影也重合在圆上,可利用点、线的两个已知投影求其他投影的方法画出交线的投影。

例 4-12　如图 4-20 所示,已知直径不等的正交两圆柱的投影,求其相贯线的投影。

分析　小圆柱的轴线为铅垂线,小圆柱面的 H 面投影积聚为圆,相贯线的 H 面投影重合在此圆上。大圆柱的轴线为侧垂线,大圆柱面的 W 面投影积聚为圆,相贯线的 W 面投影重合在此圆的一段圆弧上。相贯线的 H 面投影和 W 面投影已知,因此,可采用表面定点的方法,求出相贯线的 V 面投影。

作图　(1) 求特殊点。特殊点是位于相贯线上的最左、最右、最前、最后、最高、最低及处于外形轮廓素线上的点。如图 4-20(a)定出 H 面投影点 a、b、c、d 及 W 面投影点 $a''(b'')$、c''、d'',根据投影规律求得最左、最右及最高点 a'、b',最前、最后及最下重合点 c'、d'。

(2) 求一般位置点。如图 4-20(c)所示,在 V 面投影上取中间点 1、2 和 3、4。由此求出其 W 面投影点 $1''$、$2''$ 和 $3''$、$4''$,以及 V 面投影点 $1'$、$2'$ 和 $3'$、$4'$。

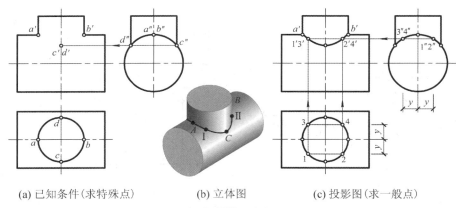

(a) 已知条件（求特殊点）　　　　(b) 立体图　　　　(c) 投影图（求一般点）

图 4-20　两异径圆柱正交相贯线的画法

（3）用光滑的曲线连接点 a'、$1'$、c'、$2'$、b'（见图 4-20(c)），即为所求相贯线的 V 面投影。

当两个正交圆柱的直径相差较大，作图的精确性要求不高时，为作图方便，允许采用圆弧代替相贯线的投影。圆弧半径等于大圆柱半径，其圆心在小圆柱轴线上，具体作图过程如图 4-21 所示。

图 4-22 为在圆柱体上穿通了一个圆柱孔，圆柱体外表面与圆柱孔的内表面产生相交线，以外相贯线形式出现。相贯线的作法和形状与图 4-20 相同。作图时应注意用虚线表示圆柱孔的内轮廓素线。

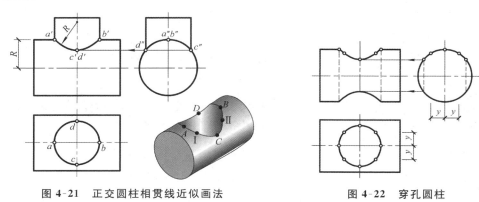

图 4-21　正交圆柱相贯线近似画法　　　　**图 4-22　穿孔圆柱**

四、圆柱与圆锥相交

例 4-13　　如图 4-23 所示，求圆柱与圆锥的相贯线。

分析　　圆柱面为侧垂面，其 W 面投影为圆，相贯线的 W 面投影在此圆上。为了作出相贯线的另两面投影，选取水平面作为辅助平面。从图 4-23(a)可看出，水平辅助平面 P 与圆柱面交于两条直素线，与圆锥面交于和圆锥底面平行的圆。直素线与圆同在平面 P 内，它们的交点 A、B 为圆柱面、圆锥面和平面 P 的共有点（三面共点），所以是相贯线上的点。作若干水平辅助平面，可得到一系列的共有点，连点成光滑曲线即为所求的相贯线。

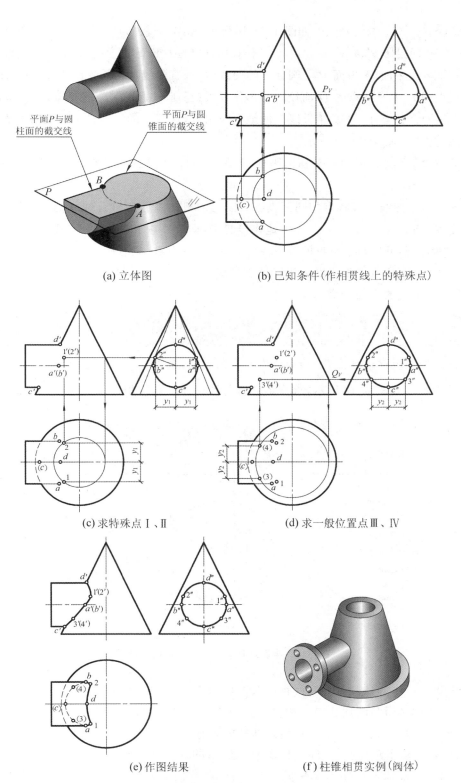

(a) 立体图　　　　　　　　(b) 已知条件（作相贯线上的特殊点）

(c) 求特殊点 Ⅰ、Ⅱ　　　　　　　　(d) 求一般位置点 Ⅲ、Ⅳ

(e) 作图结果　　　　　　　　(f) 柱锥相贯实例（阀体）

图 4-23　圆锥体与圆柱体相贯线的画法

作图 （1）求特殊点。如图 4-23(b)所示，从 W 面投影可直接确定相贯线上的特殊点 A、B、C、D 的 W 面投影 a″、b″、c″、d″。由 c′、d′ 作投影线与圆柱面的 H 面投影轴线相交得 c、d；过圆柱轴线作水平辅助平面 P，平面 P 与圆柱面的交线（两条直素线）、与圆锥面的交线（水平圆）的 H 面投影的交点即为 A、B 两点的 H 面投影 a、b，作投影线与圆柱面的 V 面投影轴线相交得 a′、b′。

（2）求极限点。点 Ⅰ、Ⅱ 是相贯线上的最右极限点，这两点的三面投影可采取表面定点的方法得到，作图过程如图 4-23(c)所示。

（3）求一般位置点。采用水平辅助平面 Q，求得点 Ⅲ、Ⅳ 的三面投影，作图过程如图 4-23(d) 所示。

（4）用光滑的曲线连接各点的同面投影。因为该相贯体形状前后对称，所以相贯线的 V 面投影前后重影，将点 d′、1′、a′、3′、c′ 光滑地连接起来，即为所求相贯线的 V 面投影。点 a 和点 b 是相贯线 H 面投影可见与不可见的分界点，因为从上往下看，只有圆柱面的上半部分与圆锥面的交线才是可见的，将点 a、1、d、2、b 光滑地连接成实线，将点 b、(4)、(c)、(3)、a 光滑地连接成虚线，即为所求相贯线的 H 面投影。

五、圆柱与圆球相交

当圆柱面的轴线穿过球心时，其交线为平面曲线圆，否则交线为一空间曲线。

例 4-14 如图 4-24 所示，求作半圆球与圆柱孔的孔口相贯线，并补作 W 面投影。

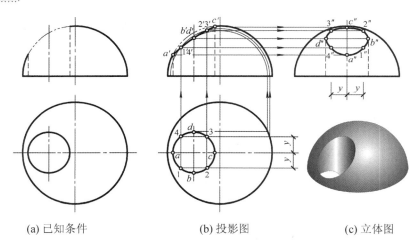

(a) 已知条件　　　(b) 投影图　　　(c) 立体图

图 4-24　半圆球与圆柱孔相贯线的画法

分析 半圆球的球面与圆柱孔（即内圆柱面）所形成的孔口相贯线是一条闭合的空间曲线，半圆球的底面与圆柱孔口的相贯线是一个闭合的水平圆。因此，实际所要求的孔口相贯线主要是半球面与圆柱孔口的相贯线。圆柱面垂直于 H 投影面，其投影积聚为圆，孔口相贯线的 H 面投影与这个圆重影，已知。作图时把所求的这一孔口相贯线当作是球面上的线来考虑，这样用表面定点法便可作出该相贯线的 V 面和 W 面投影。根据形体结构前后对称性可以判定，所求孔口相贯线前后对称部分的 V 面投影重影，W 面投影为前后对称的图形。

作图 作图步骤如图 4-24(b)所示。

（1）求特殊点。从 H 面投影可直接确定相贯线上的特殊点 A、B、C、D 的 H 面投影 a、b、c、d。由 a、c 作投影线与半球面的 V 面投影轮廓线相交得 a'、c'，在半球面上作过点 B、D 的正平圆辅助线则得到 b'、d'，根据投影规律，作出 a''、b''、c''、d''。

（2）求一般位置点。在孔口相贯线 H 面投影的圆周上，确定出前后对称的四个点 Ⅰ、Ⅱ、Ⅲ、Ⅳ 的 H 面投影 1、2、3、4，并在半球面上作过点 Ⅰ、Ⅱ、Ⅲ、Ⅳ 的正平圆辅助线，由 1、2、3、4 作投影线得 $1'$、$2'$、$3'$、$4'$，根据投影规律作出点 $1''$、$2''$、$3''$、$4''$。

（3）用光滑的曲线连接各点的同面投影。将点 a'、$1'$、b'、$3'$、c' 光滑地连接起来，即为所求相贯线的 V 面投影；将点 a''、$1''$、b''、$2''$、c''、$3''$、d''、$4''$ 光滑地连接起来，即为所求相贯线的 W 面投影。

六、相贯线的特殊情况

两回转体相交，在特殊情况下，相贯线可能是平面曲线或直线。下面介绍几种特殊的相贯线，如表 4-3 所示。

表 4-3　相贯线的特殊情况

类　　型	投影及说明	类　　型	投影及说明
等径圆柱正交相贯	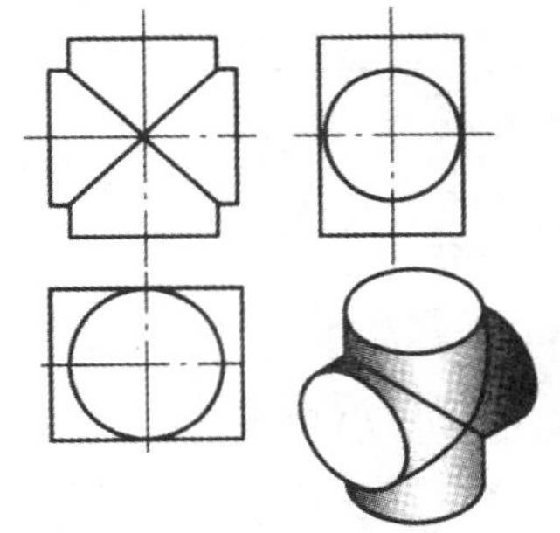 相贯线为椭圆，正面投影为相交直线，水平、侧面投影为圆	圆柱与圆球同轴正交	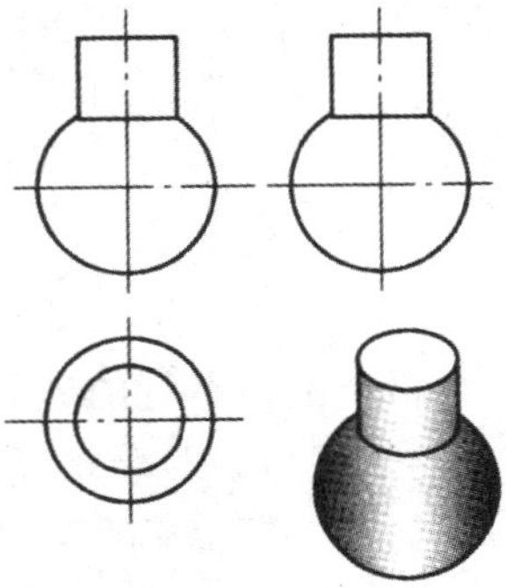 相贯线为圆，正面投影为直线，水平投影为圆，侧面投影为直线
圆柱与圆锥正交相贯（当两立体同时内切于球时）	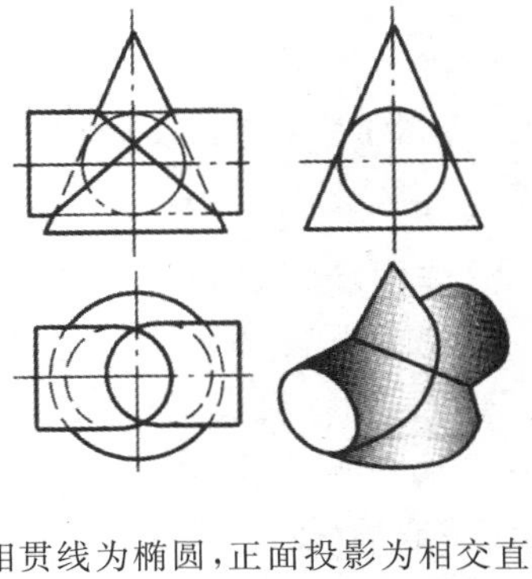 相贯线为椭圆，正面投影为相交直线，水平投影为椭圆，侧面投影为圆	圆锥与圆球轴正交	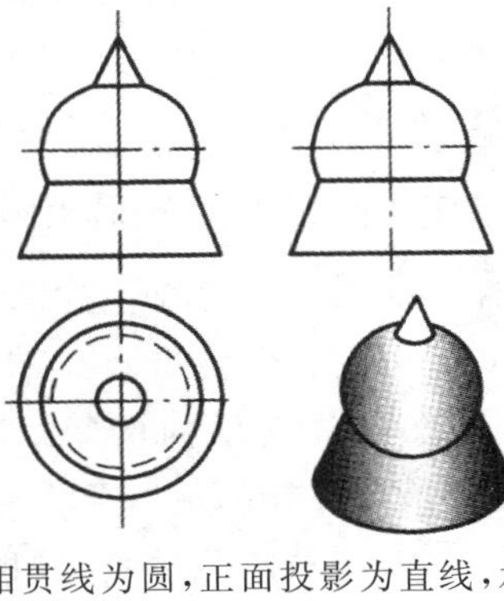 相贯线为圆，正面投影为直线，水平投影为圆，侧面投影为直线

七、同坡屋面交线

为了排水需要,屋面均有坡度,当坡度大于10%时称坡屋面或坡屋顶。坡屋面分单坡、两坡和四坡屋面,如果各坡面与地面(H 面)倾角都相等,则称为同坡屋面,如图 4-25(a)所示。同坡屋面的交线是两平面体相贯的工程实例,但因其自有的特点,其作图方法与前面所述有所不同。

在同坡屋面上,两屋面的交线有以下三种:

(1)屋脊线　与檐口线平行的二坡屋面交线;

(2)斜脊线　凸墙角处檐口线相交的二坡屋面交线;

(3)天沟线　凹墙角处檐口线相交的二坡屋面交线。

同坡屋面交线的投影有以下特点,如图 4-25(b)所示。

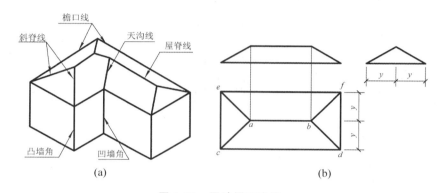

图 4-25　同坡屋面交线

(1)两个屋檐平行的屋面,其交线为屋脊。屋脊的 H 面投影不仅与两屋檐的 H 面投影平行,而且与两檐口的距离相等。如 ab(屋脊线)平行于 cd 和 ef(屋檐线),且 $y=y$。

(2)两个屋檐相交的屋面,其交线为斜脊或天沟。斜脊或天沟的 H 面投影为两屋檐夹角的平分线。如 $\angle eca = \angle dca = 45°$。

(3)在同坡屋面上,如果有两条屋面交线交于一点,则该点上必然有第三条屋面交线通过该点。这个点就是三个相邻屋面的共有点。如过点 a 有三条脊棱线 ab、ac、ae,即两条斜脊线 AC、AE 和一条屋脊线 AB 相交于点 A。

例 4-15　如图 4-26(a)所示,已知同坡屋面檐口线的 H 面投影,屋面对 H 面的倾角为 30°,求作屋面交线的 H 面投影和屋面的 V、W 面投影。

作图　根据上述同坡屋面交线的投影特点,作图步骤如下。

(1)作屋面交线的 H 面投影。

① 在屋面的 H 面投影上,作出各相交屋檐即各墙角($\angle 1$、$\angle 2$、$\angle 3$、$\angle 4$、$\angle 5$、$\angle 6$)的角平分线,在凸墙角上作的是斜脊线 $a1$、$a6$、$d3$、$d4$、$c5$、cb,在凹墙角上作的是天沟线 $b2$。其中 cb 是将 2 3 延长至点 7,从点 7 作 45° 分角线与天沟线 $b2$ 相交而截取的(见图 4-26(b))。

② 作出各对平行屋檐的中线,即屋脊线 ab 和 cd(见图 4-26(c))。

(2)作屋面的 V 面和 W 面投影。根据屋面倾角和投影规律,作出 V 面和 W 面投影(见图

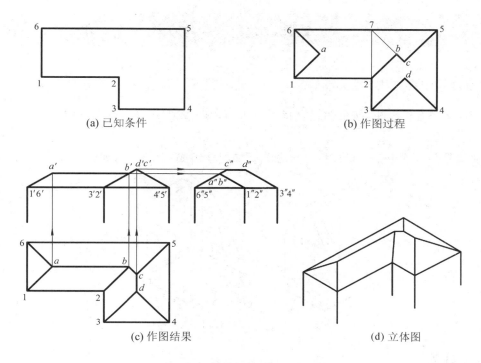

(a) 已知条件　　　　　　　　　(b) 作图过程

(c) 作图结果　　　　　　　　　(d) 立体图

图 4-26　同坡屋面交线的画法

4-26（c））。一般先作出具有积聚性的屋面投影，如 V 面投影中，先作出左、右屋面的投影；W 面投影中，先作出前、后屋面的投影，再加上屋脊线的投影，即为所求屋面的 V 面和 W 面投影。

任务 4　组合体的投影

　　在建筑工程中，把叠加或切割后的形体称为组合体或建筑形体。组合体的三面投影图称为三面视图或视图。

　　三面投影体系是由水平投影面、正立投影面和侧立投影面组成，所作的形体投影图分别是水平投影图、正立投影图和侧立投影图，在工程图纸中的名称如下：正面投影称为正立面图；水平投影称为平面图；侧面投影称为左侧立面图。

　　三投影图之间仍然符合投影图中的三等关系，即

　　（1）正立面图与平面图——长对正；

　　（2）正立面图与左侧立面图——高平齐；

　　（3）平面图与左侧立面图——宽相等。

一、组合体的类型

1. 组合体组合方式

为了便于组合体分析,按形体组合特点,将它们的形成方式分为以下几种。

1）叠加型

叠加型是将若干个基本形体按一定方式叠加起来组成一个整体,如图 4-27 所示。

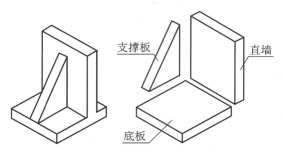

图 4-27　叠加

2）切割型

切割型是在基本形体上切割掉若干个基本形体而形成一个新的形体,如图 4-28 所示,T 形形体可以看作是由一个长方体切割掉两个小长方体和两个楔形体而形成。

3）综合型

综合型是由几个基本形体既有叠加方式又有切割方式形成的组合体,如图 4-29 所示,台阶是由阶梯和挡墙叠加而成,而挡墙则经过了切割而形成。

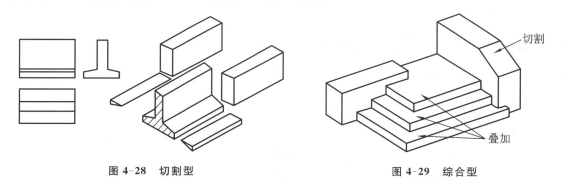

图 4-28　切割型　　　　　　　　图 4-29　综合型

2. 组合体的表面连接关系

形体经叠加、切割组合后,为了避免邻接表面的投影出现多线或漏线的错误,各形体相邻表面之间可按其表面形状和相对位置不同,连接关系可分为齐平、相交、相切和不平齐四种情况。连接关系不同,连接处投影的画法也不同。

1）不平齐

两个基本几何体表面分界处不平齐应有轮廓线隔开,如图 4-30(a)所示。

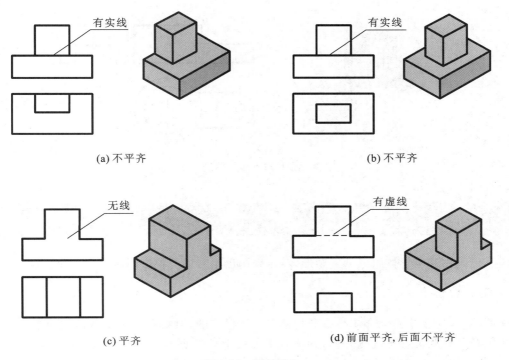

(a) 不平齐 (b) 不平齐

(c) 平齐 (d) 前面平齐, 后面不平齐

图 4-30　形体叠加

2）平齐

两个基本几何体表面分界处平齐处中间没有线隔开, 如图 4-30(b)所示。

3）相切

两个基本几何体表面（平面与曲面、曲面与曲面）光滑过渡处没有线隔开, 例如, 当曲面与曲面、曲面与平面相切时, 在相切处不存在切线, 如图 4-31 所示。

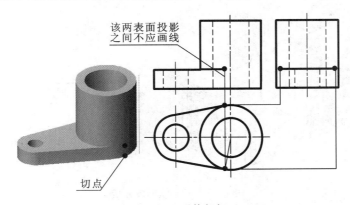

图 4-31　形体相切

4）相交

两个基本几何体的平面与平面、平面与曲面、曲面与曲面相交, 相交处应画出交线, 这种交线按相交表面不同可为曲线或直线, 如图 4-32 所示。

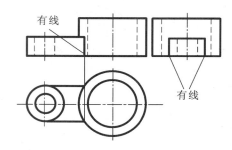

相交处应
画出交线

有线

有线

图 4-32　形体相交

二、组合体投影图的画法

组合体是由基本形体组成的复杂形体,正确画出组合体的投影图应遵循下面三点。

1. 形体分析

作图前,首先要分析组合体是由哪些基本形体组成的,对组合体中基本形体的组合方式、表面连接关系及相互位置等进行分析,弄清各部分的形状特征,这种分析过程称为形体分析。如图 4-27 所示组合体,可将其分解为三个基本体,该形体为叠加式组合。如图 4-28 所示组合体,可以分析为四棱柱经切割后而形成的,该形体为切割式组合。如图 4-33 所示组合体,运用形体分析可以分解为三棱柱、四棱柱、经切割后的四棱柱四个部分组成,顶部的三棱柱与底部的四棱柱正面表面相交,侧面表面相互平齐,这两个基本形体与左侧的四棱柱以及被切割的四棱柱的表面均为不平齐关系。

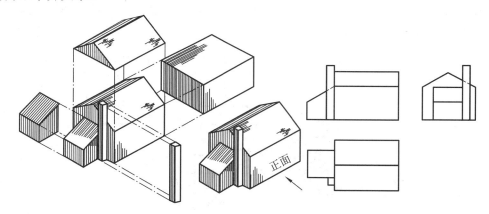

正面

图 4-33　组合体形体分析

2. 投影图的选择

画组合体投影图时,一般应使组合体处于自然安放位置,然后将由前、后、左、右四个方向投影所得的投影图进行比较,选择合理的投影图有助于更清楚地了解组合体。

正立面图是一组投影图中最重要的投影图,通过阅读正立面图,可以对组合体的长、宽、高方面有个初步的认识,然后再选择其他投影图来全面了解组合体,通常的组合体用三个投影图即可表示清楚,根据形体的复杂程度,可能会多需要一些投影图或少需要一些投影图。一般情况下应先确定正立面图,根据情况再考虑其他投影图,因此正立面图的选择起主导作用。选择正立面图选择应遵循的原则如下。

1)选择组合体的自然位置

组合体在通常状态或使用状态下所处的位置称为工作位置,画正立面图时要使组合体处于自然状态。

2)选择组合体的明显特征

确定好组合体的自然位置后,还要选择一个面作为主视方向,一般选择一个能反映形体的主要轮廓特征的一面作为主视方向来绘制正立面图。这样的投影图最能显示组合体各部分形状和它们之间的相对位置。

3)选择视图要减少虚线

如果在投影图中的虚线过多,则会增加识图的难度,影响对组合体的认识,组合体的位置摆放要显示尽可能多的特征轮廓,这样可保证投影图中虚线最少。如图 4-34 所示,选择第二种摆放方式所作的侧面投影图有大量虚线,而选择第一种摆放方式所作的三面投影图虚线最少,显然第一种摆放方式更为合理。

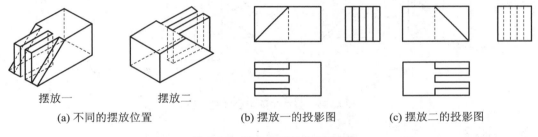

摆放一　　　　摆放二

(a) 不同的摆放位置　　　　(b) 摆放一的投影图　　　　(c) 摆放二的投影图

图 4-34　组合体摆放位置选择

3. 遵循正确的画图方法和步骤

1)画图方法

与组合体的组合方式相配合,画组合体投影图的方法有叠加法、切割法、综合法等。

(1)叠加法。

叠加法是根据叠加式组合体中基本形体的叠加顺序,由下而上或由上而下地画出各基本体的三面投影,进而画出整体投影图的方法。

▎**例 4-16**　如图 4-35(a)所示的组合体,画出它的三面投影图。

(2)切割法。

当组合体分析为切割式组合体时,应先画出组合体未被切割前的三面投影图,然后按形体的切割顺序,画出切去部分的三面投影,最后画出组合体整体投影的方法称为切割法。

▎**例 4-17**　如图 4-36(a)所示的组合体,画出它的三面投影图。

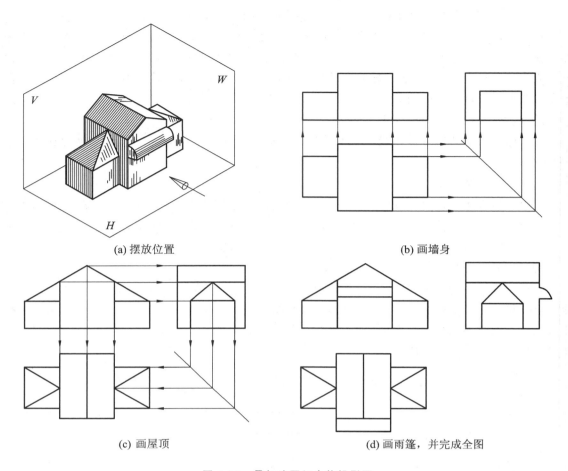

(a) 摆放位置　　　　　　　　　　　　(b) 画墙身

(c) 画屋顶　　　　　　　　　(d) 画雨篷，并完成全图

图 4-35　叠加法画组合体投影图

作图　其三面投影图如图 4-36(b)、(c)、(d)所示。

（3）综合法。

综合法是指叠加法和切割法这两种方法的综合运用。

2）画图步骤

（1）根据形体大小、复杂程度和注写尺寸所占的位置选择适宜的图幅和比例。

（2）布置投影图。先画出图框和标题粗线框，明确图纸上可以画图范围，然后大致安排 3 个投影图的位置，再画组合体的主要部分和各投影图的对称中心线或最重要的面，使每个投影在标注完尺寸后与图线的距离大致相等。

（3）画底稿。先画主要部分，后画次要部分；先画大形体，后画小形体；先画整体形状，后画细部形状；先画最具特征的投影，后画其他投影。几个投影图应配合起来同时画，以便正确实现"长对正，高平齐，宽相等"的投影规律。

（4）加深图线。经检查无误后，按各类线型进行加深，完成所作投影图。如图 4-37 所示。

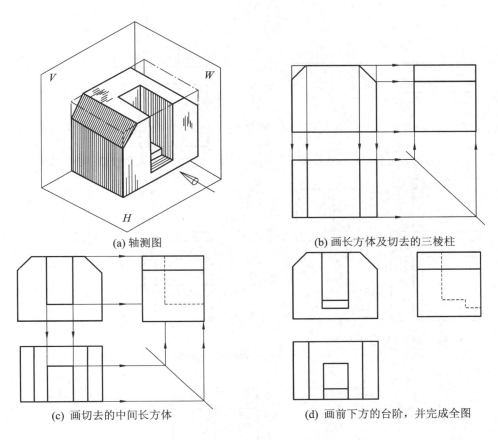

(a) 轴测图　　　　　　　　(b) 画长方体及切去的三棱柱

(c) 画切去的中间长方体　　　　(d) 画前下方的台阶,并完成全图

图 4-36　叠加法画组合体投影图

三、组合体尺寸标注

　　投影图只能表达组合体的形状,而组合体各部分形体的真实大小及其相对位置,则要通过标注尺寸来确定。标注尺寸的基本要求是:尺寸标注应完整、正确、清晰、合理。正确是指要符合国家标准的规定;完整是指尺寸必须注写齐全,不遗漏,不重复;清晰是指尺寸的布局要整齐清晰,便于读图。从形体分析角度看,组合体都是由基本形体叠加、切割而成。因此,应先分析基本形体的尺寸标注,然后再讨论组合体的尺寸标注。

1. 基本形体的尺寸标注

　　基本形体的尺寸一般只需注出长、宽、高三个方向的定形尺寸。如长方体必需标注长、宽、高三个尺寸;正六棱柱应该注高度及正六边形对边距离(或对角距离),如图 4-38(a)所示;四棱台应标注上、下底面的长、宽及高度尺寸,如图 4-38(b)所示;圆柱体应标注直径及轴向长度,如图 4-38(c)所示;圆锥台应该标注两底圆直径及轴向长度,如图 4-38(d)所示;球只需标注一个直径。圆柱、圆锥、球等回转体标注尺寸后,还可以减少投影图的数量。

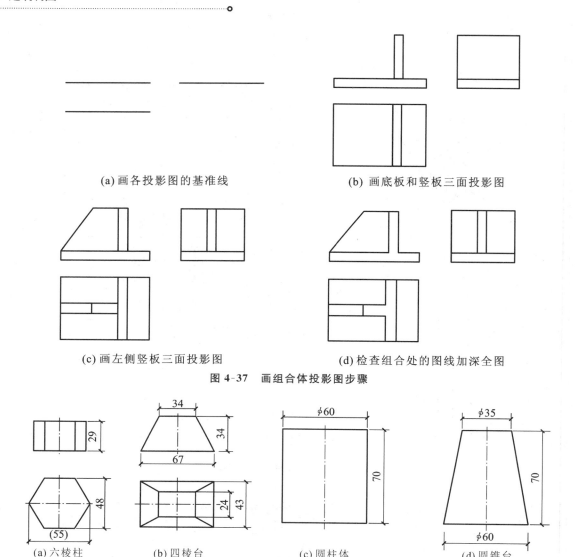

(a) 画各投影图的基准线　　　　　　(b) 画底板和竖板三面投影图

(c) 画左侧竖板三面投影图　　　　　　(d) 检查组合处的图线加深全图

图 4-37　画组合体投影图步骤

(a) 六棱柱　　　(b) 四棱台　　　(c) 圆柱体　　　(d) 圆锥台

图 4-38　画组合体投影图步骤

2. 组合体的尺寸分析与标注

1) 组合体的尺寸分析

形体分析是标注组合体尺寸的基本方法。要完整的标注组合体尺寸,首先按形体分析法将组合体分解为若干基本形体,再标注出表示各基本体的大小尺寸以及形体间的相互位置尺寸。组合体的尺寸分为三类:定形尺寸、定位尺寸和总体尺寸。

（1）定形尺寸。

确定组合体中各组成部分的形状与大小的尺寸,称为定形尺寸。

（2）定位尺寸。

确定组合体中各组成部分之间相互位置的尺寸,称为定位尺寸。标注定位尺寸时,必须在长、宽、高方向上分别确定一个尺寸基准。标注尺寸的起点即称为尺寸基准。通常把组合体的底面、侧面、对称线、轴线、中心线以及回转体的轴线等作为尺寸的基准。

（3）总体尺寸。

确定组合体外形总长、总宽、总高的尺寸,称为总体尺寸。

2）组合体的尺寸标注

组合体的尺寸标注基本要求有以下几点。

（1）尺寸标注要做到完整、正确、清晰、合理。

（2）组合体尺寸标注前先进行形体分析,了解反映在投影图上的有哪些基本形体,然后注意这些基本形体的尺寸标注要求,做到简洁合理。

（3）各基本形体之间的定位尺寸一定要先选好定位基准,再行标注,做到心中有数不遗漏。

（4）由于组合体形状变化多,定形、定位和总体尺寸有时可以相互兼代。

（5）组合体各项尺寸一般只标注一次。

（6）如组合体某一方向的总体尺寸和基本形体的同方向的定形尺寸重合时,可以不重复标注组合体的总体尺寸。

如图 4-39 所示为组合体尺寸标注的示例。图 4-39 所示组合体通过形体分析分解为盖板、井身、管子、底板五个基本形体。尺寸标注前先在长、宽、高三个方向上确定尺寸基准,取底板的

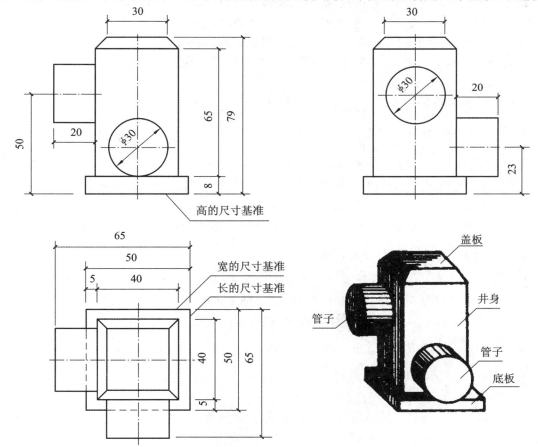

图 4-39　组合体投影图的尺寸标注

底部为高的尺寸基准,取底板的边长为长、宽的尺寸基准。接着标注五个基本形体的定形尺寸、基本形体之间的定位尺寸以及组合体的总体尺寸。

3. 组合体尺寸标注的注意事项

(1)为了使投影图清晰,尺寸应尽量布置在投影图外,两个投影图相关的尺寸尽量布置于两个投影图之间,以便对照识读。

(2)反映基本形体的尺寸,应尽量集中标注在反映基本形体特征轮廓的投影图上。

(3)为了避免标注零乱,同一方向的几个连续尺寸应尽量标注在同一条尺寸线上。

(4)尺寸排列要注意大尺寸在外、小尺寸在内,并在不出现尺寸重复的前提下,使尺寸构成尺寸链。

(5)尽量不在虚线图形上标注尺寸。

四、组合体视图的阅读方法

根据视图想象出物体空间结构形状的过程称为读图。读图与画图均是以学过的形体分析法、正投影法、投影规律、方位关系、组合体表面连接处的画法特点为依据,所以在读图和画图的训练过程中,要注意将它们有机地结合,才能达到真正读懂图和画好图的目的。由于一个视图不能反映物体的确切形状,所以在读图过程中要注意将几个视图联系起来看,才能正确地确定物体的形状和结构,这是读图的基本准则。

读图的基本方法是形体分析法和线面分析法。

1. 形体分析法读图

形体分析法读图时,应根据不同的结构形状,用不同的方法进行。例如,对于叠加式组合体,宜用先分后叠的思路读图;对于切割型组合体,宜用先整体后挖切的思路读图。为了能够准确读懂组合体的三视图,必须做到能够准确想出各种基本体的三视图和立体图。只有在大脑中有基本体图的概念,才能实现用形体分析法迅速、准确读懂组合体三视图的目的。

例 4-18 切割型组合体的读图方法。

分析 图 4-40(a)所示是在长方体的基础上,在左上前方分别用正平面、侧平面、水平面切去一小长方体所形成的切割型组合体,挖去部分因可见,所以三个视图中均反映可见的粗实线。图 4-40(b)、(c)、(d)所示均用同样的方法分析读图。

例 4-19 用形体分析法识读图 4-41(a)所示的组合体两视图,想出其空间形状。

分析 从两视图中可以看出,该物体是在长方体的基础上,经多次切割而形成的切割型组合体,读图是先完整后切割。

(1)分解视图。先从反映形状特征的正面投影入手,假想将物体按线框分解为 1′、3′和水平投影中的 2 三个大线框。

(2)找对应投影。利用正面投影、水平投影"长相等"的关系,分别找出正面投影、水平投影中的 1、3、2′线框。

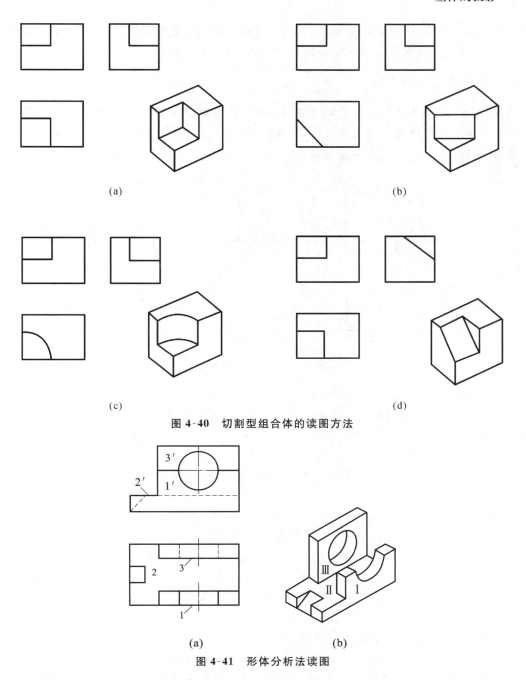

图 4-40　切割型组合体的读图方法

图 4-41　形体分析法读图

（3）逐个线框想形状。利用"长相等"的关系，将 $1'$ 与 1、$2'$ 与 2、$3'$ 与 3 结合着想出物体各线框的基础形状均为长方体。

（4）结合起来想整体。竖长方块 Ⅰ 与平放长方块 Ⅱ 的前表面平齐，所以 V 面投影线框内没有线。长方块 Ⅱ 凸出到长方块 Ⅰ 的后面和左侧，所以竖板 Ⅰ 的后表面在 V 面用虚线表示不可见的水平面积聚性投影。在长方块 Ⅱ 左侧中部用两个正平面、一个正垂面切走一个三角块，此时 V 面投影有一斜虚线，H 面投影反映可见类似形，通过 V、H 两面的投影可看清 Ⅱ 的凹凸状况。

竖块Ⅲ与长方块Ⅱ在又、后表面平齐,Ⅲ块高于Ⅰ块。在Ⅰ、Ⅲ高低板同高部位,竖板Ⅲ有一个圆柱孔、竖板Ⅰ有个半圆槽。物体的总体形状如图4-41(b)所示。

2. 线面分析法读图

线面分析法就是用于分析组合体上线、面的特点,想象出线、面的空间形状与位置的方法。对于投影中用形体分析法仍难以读懂的图线和线框部位,可用线面分析法去识读。

例4-20 线面分析法读图举例,如图4-42所示。

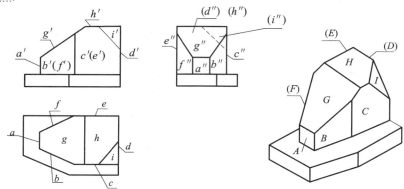

图4-42 线面分析法读图

用形体分析法读上部形状。从物体下部三投影可知,正面投影、侧面投影的最外轮廓均为矩形,水平投影的左前方用铅垂面切去一块三角块,不难想象该物体底板形状是用铅垂面切去三角块后的带缺口长方块。

用线面分析法读懂上部形状。

(1)划分投影图线框。在三面投影图中用平面的投影特性,按如图4-42所示的方式将线框划分为9个。

(2)对投影,分析表面形状及位置。从 a'、a、d'、d 积聚性可知是侧平面,它在 W 面反映实形的 a'' 部位可见,d'' 为不可见。从 b、f 积聚性可知平面是铅垂面,V 面为类似形,相应部位 b' 可见,f' 不可见,b'' 和 f'' 均为可见。图中的 c、c''、e、e'' 为正平面的积聚性投影,正平面在 V 面反映实形,相应部位 c' 可见,e' 不可见。g' 在 V 面中积聚为一斜线,在 H、W 面 g、g'' 均为正垂面类似形。h 和 h'' 在 V 面、W 面积聚为直线,在 H 面中 h 反映实形,所以是水平面。i'、i、i'' 在三个投影面中均反映类似形,所以是一般位置平面。

(3)结合各面想形体。该物体上部是在长方体的基础上,左前、左后部位被铅垂面分别切割。左上部被正垂面切割。右前上方被一般位置面切割。该物体的下部是大长方体,它的左前方被一个铅垂面切割。上部物体与下部物体的右平面及后平面叠加后平齐即形成如图4-42所示的组合体了。

⟳ 项目小结

本项目主要阐述基本体、组合体投影的相关知识,为后续识读施工图纸打好基础。建筑可以看成是由许多基本体组合形成的复杂组合体。通过学习掌握以下内容。

1. 基本体的投影

最简单基本体,包括:棱柱体、棱锥体、圆柱体、圆锥体、圆球、圆环等。

2. 平面体的投影

由平面与平面组成的立体,称为平面体。

平面体的三面投影图:正面投影图、水平投影图、侧面投影图。

三面投影图的投影规律:长对正、高平齐、宽相等。

3. 曲面体的投影

由平面与曲面或曲面与曲面围成的立体,称为曲面体。

曲面体的三面投影图是由直线与曲线或曲线与曲线组成的线框。

4. 立体的截交线

截交线的特性:共有性、封闭性。

1)平面体的截交线

平面体截交线的形状是封闭的多边形。

作图方法:分析截交线与立体之间的关系,求出棱边与截平面的交点,利用三等关系绘出截交线。

2)曲面体的截交线

曲面体的截交线的形状:由多边形、直线与曲线或曲线与曲线组成的线框。

5. 立体的相贯线

相贯线的特性:共有性、封闭性。

相贯线的作图方法:首先求出特殊点,再求一般点。

6. 同坡屋面交线

(1)屋脊线:与檐口成平行的二坡屋面交线。

(2)斜脊线:凸墙角处檐口成相交的二坡屋面交线。

(3)天沟线:凹墙角处檐口成相交的二坡屋面交线。

7. 组合体的投影

由两个或两个以上的基本几何体组成的立体称为组合体。

(1)组合体的类型:叠加型、切割型、综合型。

(2)组合体表面之间的连接关系:平齐、下平齐、相交、相切。

8. 组合体的画法

1)形体分析法(叠加、综合类)

将组合体分解成若干个部分,绘出各部分的三面投影图,然后将每个部分根据位置关系叠加组合起来的绘图方法。

2)线面分析法(切割类)

应先画出组合体未被切割前的三面投影图,然后按形体的切割顺序,画出切去部分的三面投影的方法。

9. 组合体的尺寸标注

尺寸标注的要求:完整、正确、清晰、合理。

定形尺寸、定位尺寸、总体尺寸的标注。

10. 组合体视图的阅读方法

读图的基本方法:形体分析法和线面分析法。

轴测投影

学习目标

▮ 知识目标

（1）了解轴测投影的投影特性。

（2）掌握简单形体正等测投影图的画图方法。

（3）掌握简单形体斜二测投影图的画图方法。

▮ 能力目标

（1）能应用三面投影图绘制轴测投影图。

（2）能够绘制组合体的轴测投影图。

❖ 引例导入

已知四棱台的正三面投影图如图 5-1(a)所示,请指出四棱台的正三面投影图和轴测投影图之间的关系,并利用正三面投影图绘制四棱台的正等测图。

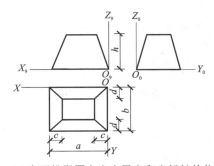 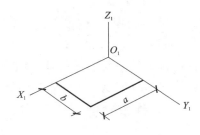

(a) 在正投影图上定出原点和坐标轴的位置　　(b) 画轴测轴,在 O_1X_1 和 O_1Y_1 上分别量
取 a 和 b,画出四棱台底面的轴测图

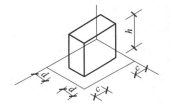 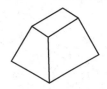

(c) 在底面上用坐标法根据尺寸 c、d 和 h,
作四棱台各角点的轴测图　　(d) 依次连接各点,擦去多余的线并
描深,即得四棱台的正等测图

图 5-1　四棱台的正等测图的画法

任务 1 轴测投影的基本知识

一、轴测投影的形成

1. 轴测投影图与多面投影图的区别

在工程上广泛应用的多面投影图,能准确完整地表达出立体的真实形状和大小,如图 5-2 (a)所示。其作图简便,度量性好,因此在实践中得到广泛应用。但是多面投影图立体感较差。

而轴测图(立体的轴测投影图)能在一个投影面上同时反映出物体三个方面的形状,所以富有立体感,直观性强,但这种图不能表示物体的真实形状,度量性也较差,如图 5-2(b)所示,因此,常用轴测图作为正投影图的辅助图样。在建筑工程专业中,给排水、暖通等的管道系统图常以轴测图为主要表达方法。

2. 轴测投影的形成

根据平行投影的原理,把形体连同确定其空间位置的三根坐标轴 OX、OY、OZ 一起,沿不平行于这三根坐标轴和由这三根坐标轴所确定的坐标面的方向,而投影到新投影面,所得的投影称为轴测投影,如图 5-3 所示。

投影面 P 称为轴测投影面;三根坐标轴 OX、OY、OZ 的轴测投影 O_1X_1、O_1Y_1、O_1Z_1 称为轴测轴;轴测轴之间的夹角 $\angle X_1O_1Y_1$、$\angle X_1O_1Z_1$、$\angle Y_1O_1Z_1$ 称为轴间角;轴测轴上某段长度和它的实长之比 p、q、r 称为轴向变形系数;轴测坐标面 $X_1O_1Y_1$、$X_1O_1Z_1$、$Y_1O_1Z_1$ 称为直角坐标面的轴测投影。次投影是指空间点、线、面正投影的轴测投影。正面投影的次投影称为正面次投影,同样有水平面次投影、侧面次投影。

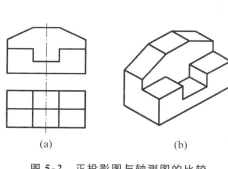

图 5-2　正投影图与轴测图的比较

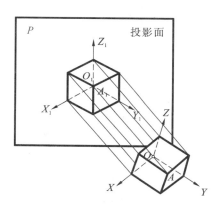

图 5-3　轴测投影的形成

二、轴测投影的特性

1. 平行性

凡在空间平行的线段,其轴测投影仍平行。其中在空间平行于某坐标轴(X、Y、Z)的线段,其轴测投影也平行于相应的轴测轴。

2. 定比性

点分空间线段长之比,等于其对应轴测投影长之比。

3. 从属性

点属于空间直线,则该点的轴测投影必属于该直线的轴测投影。

三、轴测投影的分类

轴测图按照投影方向 S 与轴测投影面 P 是否垂直,可以分为正轴测图和斜轴测图。用正投影法(投影方向与轴测投影面垂直)得到的轴测投影称为正轴测图,用斜投影法(投影方向与轴测投影面倾斜)得到的轴测投影称为斜轴测图。

根据轴向伸缩系数的不同,轴测图又可分为正等测图、正二测图、斜等测图、斜二测图等。本章主要介绍广泛使用的正等测图、斜等测图和斜二测图。

四、轴测图画法

1. 坐标法

根据物体的尺寸或顶点的坐标画出点的轴测图,然后将同一棱线上的两点连成直线,即得形体的轴测图。

2. 切割法

先画出基体,然后确定切平面位置,再擦去被切的部分。

3. 综合法

坐标法和切割法综合使用。

4. 叠加法

根据立体的组成形式,分析其基本组成部分和附属部分,然后先画出基本部分,然后在基本部分的基础上再画出附属部分,最后擦掉不可见部分就形成了立体的轴测图。

画线段的轴测图,要先画出线段端点的轴测图。而在画点的轴测图时,一定要根据点的坐标值计算出点的轴测坐标值,再沿轴测轴测量,才能画出点的轴测图。这种沿轴测量定位的方法,是画轴测图最基本的方法。

任务 2 正等轴测投影图

当投影方向 S 与轴测投影面 P 垂直,且空间直角坐标系中的各轴均与投影面 P 成相同的角度时,所形成的轴测投影即为正等轴测投影,简称正等测图。由于它画法简单,立体感较强,所以在工程上较常用。

一、轴间角和轴向变形系数

如图 5-4 所示,根据计算,正等测的轴向变形系数 $p = q = r = 0.82$,轴间角 $\angle X_1 O_1 Y_1 = \angle X_1 O_1 Z_1 = \angle Y_1 O_1 Z_1 = 120°$。画图时,规定把 $O_1 Z_1$ 轴画成铅垂位置,因而 $O_1 X_1$ 及 $O_1 Y_1$ 轴与

水平线均成 30°角,故可直接用 30°三角板作图。

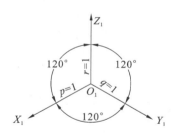

图 5-4　正等测的轴间角及轴向变形系数

为作图方便,常采用简化变形系数,即取 $p=q=r=1$。这样便可按实际尺寸画图,但画出的图形比原轴测投影大一些,各轴向长度均放大 $1/0.82=1.22$ 倍。

图 5-5 所示是根据图 5-4 按轴向变形系数为 0.82 画出的正等测图。图 5-6 所示是按简化轴向变形系数为 1 画出的正等测图。

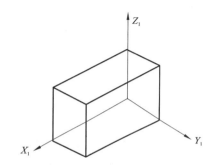

图 5-5　正等测图(按轴向变形系数为 0.82)

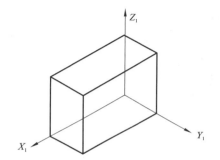

图 5-6　正等测图(按轴向变形系数为 1)

二、点的正等测投影的画法

图 5-7 所示为点 $A(X_A,Y_A,Z_A)$ 的三面正投影图,依据轴测投影基本性质及点的投影与坐标的关系,便可作出如图 5-8 所示的点 A 的正等测投影图。其作图步骤如下。

(1) 作出正等轴测轴 O_1Z_1、O_1X_1 及 O_1Y_1。

(2) 在 O_1X_1 轴上截取 $O_1a_{X1}=X_A$。

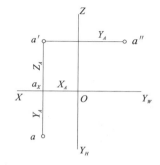

图 5-7　点的三面正投影图

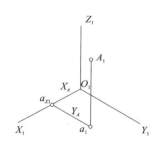

图 5-8　点的正等测图

（3）过点 a_{x1} 作直线平行于 O_1Y_1 轴，并在该直线上截取 $a_{x1}a_1 = Y_A$。

（4）过点 a_1 作直线平行于 O_1Z_1 轴，并在该直线上截取 $A_1a_1 = Z_A$，得点 A_1，点 A_1 即为空间点 A 的正等测图。

应指出的是，如果只给出轴测投影 A_1，不难看出，点 A 的空间位置不能唯一确定。实际上点的空间位置是由它的轴测投影和一个次投影确定的。所谓次投影是指点在坐标面上的正投影的轴测投影。例如，点 A 的空间位置就是由 A_1 和 A 在 XOY 坐标面上的正投影 a 的轴测投影来确定的。

例 5-1 已知斜垫块的正投影图如图 5-9 所示，画出其正等测图。

作图 （1）在斜垫块上选定直角坐标系。

（2）如图 5-10(a)所示，画出正等轴测轴，按尺寸 a、b，画出斜垫块底面的轴测投影。

（3）如图 5-10(b)所示，过底面的各顶点，沿 O_1Z_1 方向，向上作直线，并分别在其上截取高度 h_1 和 h_2，得斜垫块顶面的各顶点。

（4）如图 5-10(c)所示，连接各顶点画出斜垫块顶面。

（5）如图 5-10(d)所示，擦去多余作图线，描深，即完成斜垫块的正等测图。

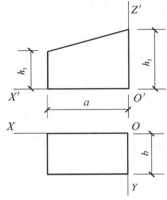

图 5-9　斜垫块的正投影图

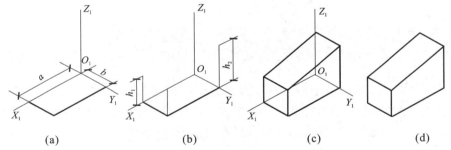

图 5-10　作垫块的正等测图

例 5-2 已知形体的正投影图如图 5-11 所示，画出其正等测图。

分析 形体由矩形底块和楔形板组成。坐标原点和坐标轴的确定如图 5-11 所示。可以看出，楔形板各侧棱线都不与坐标轴平行，其轴测投影的长度并不按正等测轴向变形系数缩变。画这些棱线时，应先沿轴测量，画出棱线端点的轴测投影。

作图

（1）如图 5-12(a)所示，画出正等测轴，根据正投影图，画出矩形底块的轴测投影。

（2）如图 5-12(b)所示，作楔形板上、下底面的轴测投影。

① 自原点 O_1 沿 O_1Z_1 轴向上量取 20 mm 得点 E_1；

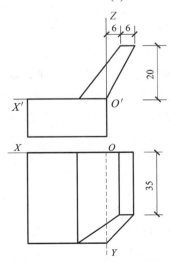

图 5-11　形体的正投影图

② 过点 E_1 作与 O_1X_1 轴的平行线,并在其上自点 E_1 向右量取 6 mm 得点 A_1,再量取 6 mm,得点 B_1;

③ 分别过点 A_1 和 B_1 作与 O_1Y_1 轴的平行线,并在其上分别沿 O_1Y_1 方向量取楔形板上底面的长度尺寸,得点 C_1 和 D_1。平面图形 $A_1B_1C_1D_1$ 即为上底面的轴测投影;

④ 在 $O_1X_1Y_1$ 面上,做出楔形板下底面的轴测投影。

(3) 如图 5-12(c)所示,作出各侧棱线,擦去多余作图线,描深,即完成形体的正等测图。

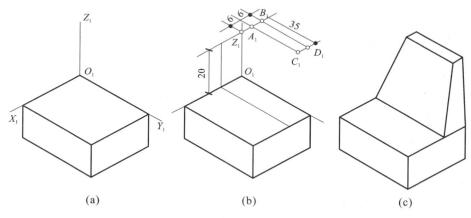

(a)　　　　　　　　　　(b)　　　　　　　　　　(c)

图 5-12　作形体的正等测图

三、圆的正等测投影的画法

一般情况下,圆的正等测投影为椭圆。画圆的正等测投影时.一般以圆的外切正方形为辅助线。先画出外切正方形的轴测投影——菱形,然后再用四心法近似画出椭圆。

现以图 5-13 所示水平位置的圆为例,介绍圆的正等测投影的画法。其作图步骤如下。

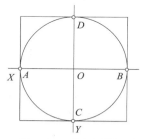

图 5-13　水平圆的正投影

(1) 在图 5-13 所示的正投影图上,选定坐标原点和坐标轴。并沿坐标轴方向作出圆的外切正方形,得正方形与圆的四个切点 A、B、C 和 D。

(2) 如图 5-14(a)所示,画出正等轴测轴 O_1X_1 和 O_1Y_1。沿轴截取 $O_1A_1=OA$,$B_1O_1=BO$,$C_1O_1=CO$,$O_1D_1=OD$,得点 A_1、B_1、C_1 和 D_1。

(3) 如图 5-14(b)所示,过点 A_1、B_1 作直线平行于 O_1Y_1 轴,过点 C_1、D_1 作直线平行于 O_1X_1 轴,交得菱形 $A_1B_1C_1D_1$,此即为圆的外切正方形的正等测投影。

(4) 如图 5-14(c)所示,以点 O_0 为圆心,以 O_0B_1 为半径作圆弧 B_1D_1;以点 O_2 为圆心,以 O_2A_1 为半径作圆弧 A_1C_1;

(5) 如图 5-14(d)所示,作出菱形的对角线,线段 O_2A_1、O_0B_1 分别与菱形的长对角线交于点 O_3、O_4。以点 O_3 为圆心,以 O_3A_1 为半径作圆弧 A_1D_1;以点 O_4 为圆心,以 O_4C_1 为半径作圆弧 C_1B_1。

以上四段圆弧组成的近似椭圆,即为所求圆的正等测投影。

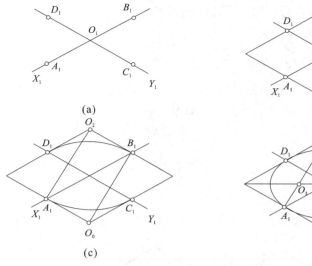

图 5-14 圆的正等测图的近似画法

如图 5-15 所示，三个坐标面上相同直径圆的正等测投影，它们是形状相同的三个椭圆。

每个坐标面上圆的轴测投影（椭圆）的长轴方向与垂直于该坐标面的轴测轴垂直；而短轴则与该轴测轴平行。

以上圆的正等测的近似画法，也适用于平行坐标面的圆角。

图 5-16(a)所示的平面图形上有四个圆角，每一段圆弧相当于整圆的四分之一，其正等测图如图 5-16(b)所示。每段圆弧的圆心是过外接菱形各边中点（切点）所作垂线的交点。

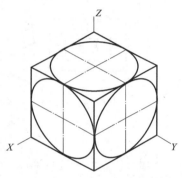

图 5-15 各坐标面圆的正等测投影

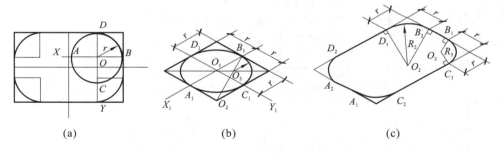

图 5-16 圆角正等测画法

图 5-16(c)是平面图形的正等测图。其小圆弧 D_1B_2 是以 O_2 为圆心、R_2 为半径画出；圆弧 B_1C_1 是以 O_3 为圆心、R_3 为半径画出，D_1、B_1、C_1 等各切点，均利用已知的 r 来确定。

四、组合体的正等测图

有些形体常常是由若干基本几何形体按叠加或切割的方式组合而成的，当绘制这种形体时，可按其组成顺序逐个绘出每一个基本形体的轴测图，然后整理立体投影，加粗可见轮廓线，去掉不可见图线和多余作图线,即完成整个形体的轴测图。

例 5-3 作组合体的正等测图(见图 5-17)。

分析 用形体分析法分解形体为三部分。

作图 (1)先画底部底板的轴测图,如图 5-17(b)所示。

(2)在底板上方的正中画出中间板,如图 5-17(c)所示。

(3)在中间板上方的正中画出上柱,如图 5-17(d)所示。

(4)加粗可见轮廓线,完成全图。

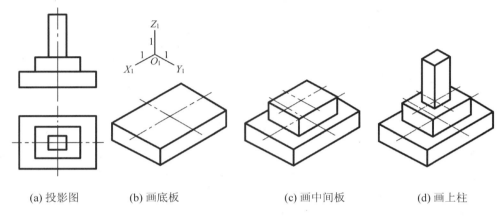

(a) 投影图　　(b) 画底板　　(c) 画中间板　　(d) 画上柱

图 5-17　例 5-3 图

例 5-4 作台阶的正等测图(见图 5-18)。

分析 台阶由左右栏板和三个踏步组成。

作图 (1)画左右栏板的轴测图,如图 5-18(a)所示。

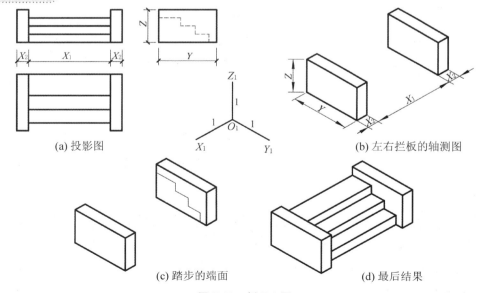

(a) 投影图　　(b) 左右拦板的轴测图

(c) 踏步的端面　　(d) 最后结果

图 5-18　例 5-4 图

（2）画右栏板内侧踏步轮廓线的轴测图，如图 5-18（b）所示。

（3）由右栏板内侧踏步轮廓线的端点画出踏步线至左栏板。

（4）整理完成全图，如图 5-18（d）所示。

任务 3 斜二测投影图

当投影方向对轴测投影面 P 倾斜时，形成斜轴测投影。在斜轴测投影中，以 V 面平行面为轴测投影面，所得的轴测投影称为正面斜轴测图，如图 5-19（a）所示。若以 H 面平行面为轴测投影面，则得水平面斜轴测图。下面对这两种斜轴测投影作进一步讨论。

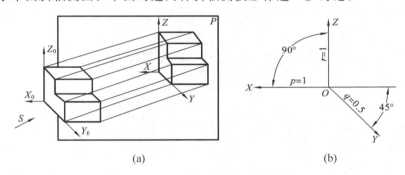

(a)   (b)

图 5-19 正面斜二测图的轴间角和轴向伸缩系数

一、正面斜二测图

1. 正面斜二测图的轴间角和轴向伸缩系数

如图 5-19（b）所示，正面斜轴测投影不论投影方向如何，轴间角 $\angle XOZ = 90°$，X 和 Z 方向的轴向伸缩系数均为 1，即 $p = r = 1$。OZ 与 OX、OY 的轴间角随投影方向的不同而发生变化。至于轴间角 $\angle XOY$ 和 OY 的轴向伸缩系数则随投影方向而定。由于投影方向有无穷多个，所以可令 OY 的轴间角为任意数。为了使作图方便，通常选用 OY 与水平方向成 45°（也可画成 30°或 60°），O_1Y_1 的伸缩系数常取 0.5。

2. 正面斜二测图的画法

1）正面斜二测椭圆的长、短轴的方向和大小

在坐标面 XOZ 或与其平行的平面上，圆的正面斜二等轴测投影仍为圆；在另外两个坐标面上或与它们平行的平面上，圆的斜二等轴测投影为椭圆。如图 5-20 所示，在 $X_1O_1Y_1$、$Y_1O_1Z_1$ 面上的椭圆长轴分别与 O_1X_1、O_1Z_1 的夹角为 7°10′，短轴与长轴垂直。椭圆长轴约为 $1.06d$，短轴约为 $0.33d$。

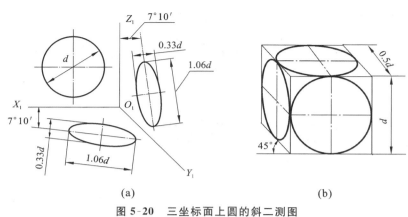

图 5-20 三坐标面上圆的斜二测图

2）平行弦法画椭圆

平行弦法就是通过平行于坐标轴的弦来定出圆周上的点，然后作出这些点的轴测投影，最后光滑连线这些点求得椭圆。

用平行弦法求作 XOZ 坐标面上圆的正面斜二测图，如图 5-21 所示。

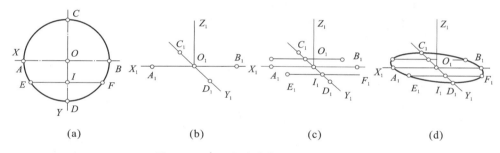

图 5-21 用平行弦法作圆的斜二测图

作图步骤如下。

（1）用平行于 OX 轴的弦 EF 分割圆，得分点 E、F，如图 5-21(a) 所示。

（2）画轴测轴 $O_1-X_1Y_1Z_1$，如图 5-21(b) 所示，取简化轴向伸缩系数 $p=r=1$，$q=0.5$。

（3）求出点 A、B、C、D、E、F 的轴测投影 A_1、B_1、C_1、D_1、E_1、F_1，如图 5-21(c) 所示，利用上述平行弦可求出圆周上一系列点的轴测投影。

（4）用曲线光滑连接 A_1、E_1、D_1、F_1、B_1、C_1 各点，即得到圆的斜二测图，如图 5-21(d) 所示。

平行弦法画椭圆不仅适用于平行于坐标面上圆的轴测图，也适用于不平行于坐标面上圆的轴测图。平行弦法实质上是坐标法。

例 5-5 作出形体的正面斜二测图，如图 5-22 所示。

分析 形体由三部分组成，作轴测图时必须注意各部分在 Y 方向的相对位置。

作图 （1）作出底板的轴测图，在 Y 方向上量取 $A/2$，如图 5-22(b) 所示。

（2）定出 U 形板的位置线，按实形画出其前端面，在 Y 方向上量取 $B/2$，画出其后端面的实形。注意后端面的圆心位置及其可见部分，如图 5-22(c)、(d) 所示。

（3）画出前台的轴测图，擦去多余线条，完成作图，如图 5-22(e) 所示。

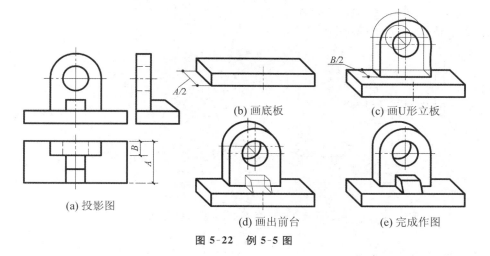

(a) 投影图   (b) 画底板   (c) 画U形立板

(d) 画出前台   (e) 完成作图

图 5-22 例 5-5 图

例 5-6 作出形体的正面斜二测图,如图 5-23 所示。

分析 看懂视图,形体在 Y 方向上形状复杂,用分层定心法画出形体的斜二测图。

作图 (1) 根据 Y 方向各端面的圆的圆心定位尺寸,确定其在轴测图上的位置。注意定位尺寸均缩短一半,并作出前端面的实形,如图 5-23(b)、(c)所示。

(2) 由各端面的圆心画出各个端面的轴测图。注意后端面的圆可看到一部分,如图 5-23(d)、(e)所示。

(3) 整理,完成作图,如图 5-23(f)所示。

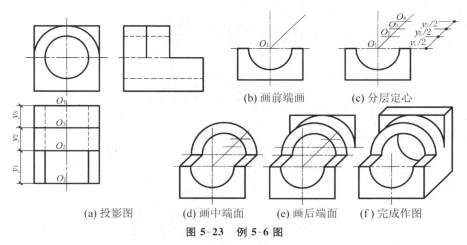

(a) 投影图   (b) 画前端画   (c) 分层定心

(d) 画中端面   (e) 画后端面   (f) 完成作图

图 5-23 例 5-6 图

二、水平斜二测图

1. 水平斜二测图的轴间角和轴向伸缩系数

由于轴测投影平行于坐标面 XOY,如图 5-24(a)所示,所以轴间角 $\angle X_1O_1Y_1 = 90°$,轴向伸

缩系数 $p=q=1$,因此凡是平行于 XOY 面的图形,投影后形状不变。当 $r=0.5$ 时,称为水平斜二测(当 $r=1$ 时,称为水平斜等测)。

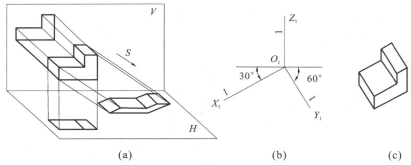

(a)　　　　　　　　　　(b)　　　　　　(c)

图 5-24　水平斜二测图(当 Z_1 的轴向伸缩系数为 1 时即为斜等测图)

2. 水平斜二测图的画法

在坐标面 XOY 或与其平行的平面上,圆的正面斜二等轴测投影仍为圆;在另外两个坐标面上或与它们平行的平面上,圆的斜二等轴测投影为椭圆。如图 5-20 所示,其画图方法和正面斜二测的画图方法基本相同。

例 5-7　画出建筑群的水平斜二测图,如图 5-25 所示。

分析　在水平斜二测图中,水平投影的轴测图显示实形。可先作水平投影的轴测图,然后升高水平投影面求顶面。

作图　(1)将平面投影图旋转 30°。

(2)测量各建筑物的高度,画出各建筑物的屋顶。注意画交线。

(3)整理,完成作图。

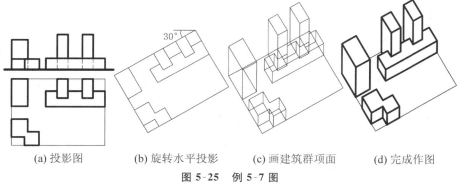

(a)投影图　　(b)旋转水平投影　　(c)画建筑群顶面　　(d)完成作图

图 5-25　例 5-7 图

例 5-8　画带断面的房屋的水平斜二测图,如图 5-26 所示。

分析　用水平剖切平面剖切房屋后,将下半截房屋画成水平斜二等轴测图。

作图　(1)看懂视图,将平面投影图中的断面部分旋转 30°,如图 5-26(b)所示。

(2)从旋转后的断面图的内墙角向下画出内墙角线、门洞和柱子,其长度为 Z_1,并画出房间内外地面线;根据 Z_2 画出窗洞和窗台,如图 5-26(c)所示。

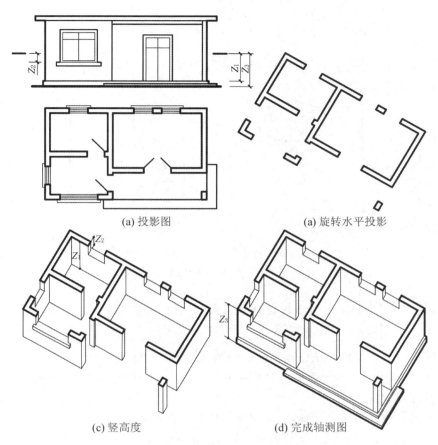

(a) 投影图　　　　　　　　　　(a) 旋转水平投影

(c) 竖高度　　　　　　　　　　(d) 完成轴测图

图 5-26　例 5-8 图

（3）根据 Z_3 画出室外地面线、勒脚线和台阶，如图 5-26(d) 所示。

（4）用不同粗细的图线加深轮廓线，完成全图，如图 5-26(d) 所示。

任务 **4** 回转体的轴测投影图

　　工程中的回转体是指由母线绕回转轴旋转所形成的规则曲面立体。在工程中常用的回转体有：圆柱、圆锥、圆球和圆环。回转体的衍生物体有圆锥台、圆筒等被截切、切槽、挖孔等的立体以及回转体与平面立体形成的组合体。

一、回转体的正等测图

　　画回转体的轴测投影，应首先掌握圆的正等测投影，特别是要掌握与坐标面平行或重合的圆的正等测投影的画法。

1. 圆柱的正等测图

例 5-9 作如图 5-27 所示圆柱体的正等轴测图。

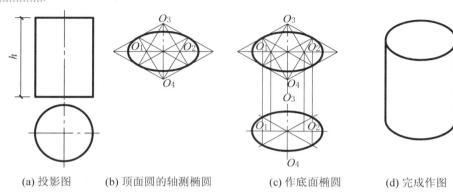

(a) 投影图　　(b) 顶面圆的轴测椭圆　　(c) 作底面椭圆　　(d) 完成作图

图 5-27　例 5-9 图

分析 用四心法作顶面和底面的椭圆,然后作两椭圆的公切线,即为柱面轴测投影的外形轮廓线。注意,该外形轮廓线不同于圆柱正面投影中外形轮廓线的轴测图。

作图 （1）用四心法作顶面圆的轴测椭圆,如图 5-27(b)所示。

（2）将顶面椭圆中心及四个圆心向下平移(移心法)柱高 h,以此作底面椭圆,如图 5-27(c)所示。

（3）作两椭圆的公切线。

（4）擦去多余线及不可见曲线,完成作图,如图 5-27(d)所示。

从图 5-27(c)可知,圆柱底面后半部分不可见,故不必画出。由于上、下两椭圆完全相等,且对应点之间的距离均为圆柱高度 h,所以只要完整地画出顶面椭圆,则底面椭圆的三段圆弧的圆心以及两圆弧相连处的切点,沿 Z_1 轴方向向下量取高度 h 即可找出。这种方法称为移心法,可简化作图过程。

轴线垂直于 V 面、W 面的正圆柱的轴测图画法与垂直于 H 面的相同,只是椭圆长轴方向随圆柱的轴线方向而异,即圆柱顶面、底面椭圆的长轴方向与该圆柱的轴线垂直,如图 5-28 所示。

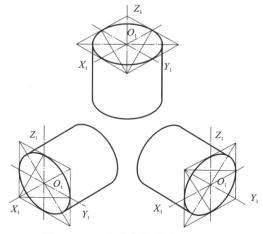

图 5-28　三个方向圆柱的正等测图

2. 斜截圆柱的正等测图

例 5-10 作出图 5-29(a)所示形体的正等测图。

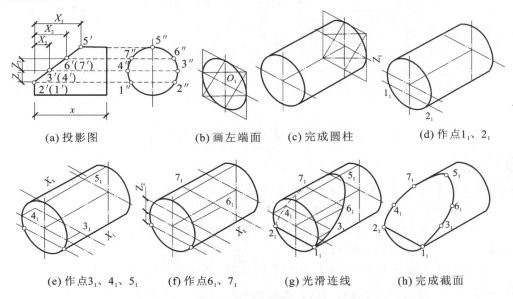

(a) 投影图   (b) 画左端面   (c) 完成圆柱   (d) 作点 1_1、2_1

(e) 作点 3_1、4_1、5_1 (f) 作点 6_1、7_1 (g) 光滑连线   (h) 完成截面

图 5-29　截交线的正等测图画法

分析　　由投影图可知,圆柱被一个平面截切,截切后的截交线是椭圆弧。作图时应先画出未截切之前的圆柱,再画斜截面。

作图

(1) 画圆柱的左端面。选定轴测轴,画外切菱形和四心椭圆,如图 5-29(b)所示。

(2) 沿 O_1X_1 轴向右量取 X,作右端面椭圆,作平行于 O_1Y_1 轴的直线与两椭圆相切,完成圆柱的正等测图,如图 5-29(c)所示。

(3) 用坐标法画出截面上一系列的点。先作最低点 1_1 和 2_1。可在左端面上沿 O_1Z_1 轴向下量取 Z_1,再引线平行于 O_1Y_1 轴,交椭圆于点 1_1、2_1,如图 5-29(d)所示。再作最前点 3_1、最后点 4_1 和最高点 5_1。分别过中心线与椭圆的交点引平行于 O_1X_1 轴的圆柱素线,对应量取 X_1 和 X_2,得点 3_1、4_1 和 5_1,如图 5-29(e)所示。在适当位置作中间点。先在投影图上选定点 6_1、7_1,再沿 O_1Z_1 向上量取 Z_2,沿 O_1X_1 向右量取 X_2,可得点 6_1 和 7_1,如图 5-29(f)所示。

(4) 用直线连接点 1_1、2_1,用圆滑曲线依次连接其余各点,如图 5-29(g)所示。

(5) 擦去作图线,即为所求,如图 5-29(h)所示。

3. 相交两圆柱的正等测图

例 5-11 作出图 5-30(a)中两相贯圆柱的正等测图。

分析　　此两圆柱正交,相贯线为空间曲线,需求出若干共有点的轴测投影,以完成此空间曲线的轴测投影。

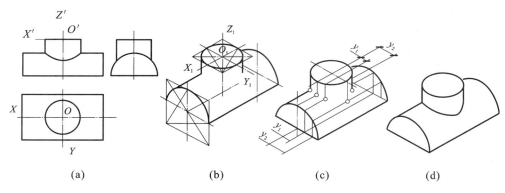

图 5-30　相贯线的轴测图画法

作图

（1）引入直角坐标系，如图 5-30（a）所示。

（2）画轴测轴后，作出直立圆柱和水平圆柱，如图 5-30（b）所示。

（3）以平行于 $X_1O_1Z_1$ 面的平面截切两圆柱，分别获得两组截交线，该两组截交线的交点均为相贯线上的点，如图 5-30（c）所示。

（4）用曲线光滑地连接各点，擦去作图线，并加深，如图 5-30（d）所示。

例 5-12　试画出图 5-31（a）所示形体的正等测图。

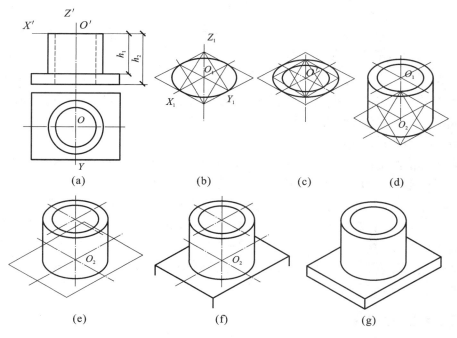

图 5-31　组合体的正等测图

分析　从给出的正投影图可知，该形体是一个组合体；由方板和圆筒叠加而成，因此可按叠加法，先画圆筒，后画方板。

作图

（1）画顶面外椭圆：以 O_1 为圆心画轴测轴，画外切菱形和四心椭圆，如图 5-31(b)所示。

（2）用同样的方法画顶面内椭圆，如图 5-31(c)所示。

（3）完成圆筒：沿 O_1Z_1 轴从 O_1 点往下量取 h_1 得到 O_2，以 O_2 为原点画轴测轴。用同样的方法画出底面椭圆。作平行于 O_1Z_1 轴的直线与两椭圆相切，完成圆柱的正等测图，如图 5-31(d)所示。

（4）利用圆筒底面的轴测轴，画出方板顶面，如图 5-31(e)所示。

（5）用端面延伸法，将方板顶面的四角顶点沿 O_1Z_1 轴往下平移一个方板的厚度（h_2-h_1），如图 5-31(f)所示。

（6）画出方板底面的边线，整理并加深可见轮廓线，完成整个形体的正等测图，如图 5-31(g)所示。

二、回转体的斜二测图

例 5-13 试画出图 5-32 所示回转体的斜二测图。

分析 回转体只在一个方向上有圆。为简化作图，设回转轴线与 OY 轴重合，并取小圆柱端面圆心为坐标原点。

作图

（1）如图 5-33 所示，在回转体上选定直角坐标系。

（2）如图 5-33(a)所示，画出正面斜二测轴测轴，沿 O_1Y_1 轴量取 $O_1A_1=0.5OA$，得点 A_1，量取 $B_1A_1=0.5BA$，得点 B_1。

（3）如图 5-33(b)所示，分别以点 O_1、A_1、B_1 为圆心，根据正投影图量取各圆的半径，画出一个圆。

（4）如图 5-33(c)所示，作出每一对等直径圆的公切线。

（5）如图 5-33(d)所示，擦去多余作图线，描深，即完成形体的正面斜二测图。

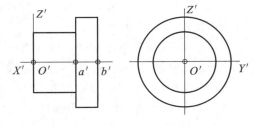

图 5-32 回转体的正投影图

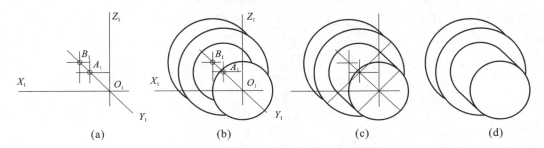

（a）　　　（b）　　　（c）　　　（d）

图 5-33 作回转体的正面斜二测图

项目小结

1．轴测投影的概念

根据平行投影的原理,把形体连同确定其空间位置的三根坐标轴 OX、OY、OZ,一起沿不平行于这三根坐标轴和由这三根坐标轴所确定的坐标面的方向 S,投影到新投影面 P,所得的投影称为轴测投影图。

2．轴测投影的特性

(1) 平行性:凡在空间平行的线段,其轴测投影仍平行。其中在空间平行于某坐标轴(X、Y、Z)的线段,其轴测投影也平行于相应的轴测轴。

(2) 定比性:点分空间线段长之比,等于其对应轴测投影长之比。

(3) 从属性:点属于空间直线,则该点的轴测投影必属于该直线的轴测投影。

3．轴测投影图的分类

(1) 轴测图按照投影方向 S 与轴测投影面 P 是否垂直,可以分为正轴测图和斜轴测图。

(2) 根据轴向伸缩系数的不同,又可分为正等测图、正二测图、斜等测图、斜二测图等。

4．轴测图画法

(1) 坐标法:根据物体的尺寸或顶点的坐标画出点的轴测图,然后将同一棱线上的两点连成直线即得形体的轴测图。

(2) 切割法:先画出基体,然后确定切平面位置,擦去被切的部分。

(3) 综合法:坐标法和切割法综合使用。

(4) 叠加法:根据立体的组成形式,分析其基本组成部分和附属部分,先画出基本部分,然后在基本部分的基础上再画出附属部分,最后擦掉不可见部分,就形成了立体的轴测图。

5．正等测图

当投影方向 S 与轴测投影面 P 垂直,且空间直角坐标系中的各轴均与投影面 P 成相同的角度时,所形成的轴测投影即为正等轴测投影,简称"正等测图"。正等测的轴向变形系数 $p=q=r=0.82$,轴间角 $\angle X_1O_1Y_1=\angle X_1O_1Z_1=\angle Y_1O_1Z_1=120°$。

6．正面斜轴测图

当投影方向对轴测投影面 P 倾斜时,形成斜轴测投影。在斜轴测投影中,以 V 面平行面为轴测投影面,所得的轴测投影称为正面斜轴测图。正面斜轴测投影不论投影方向如何,轴间角 $\angle X_1O_1Z_1=90°$,X_1 和 Z_1 方向的轴向伸缩系数均为1,即 $p=r=1$。O_1Z_1 与 O_1X_1、O_1Y_1 的轴间角随投影方向的不同而发生变化。通常选用 O_1Y_1 与水平方向成 $45°$(也可画成 $30°$ 或 $60°$),O_1Y_1 的伸缩系数常取 0.5。

项目 **6**

剖面图和断面图

学习目标

知识目标

(1) 了解剖面图和断面图的形成原理。

(2) 掌握剖面图和断面图的投影特性。

(3) 掌握剖面图和断面图的类型和绘图方法。

能力目标

(1) 能绘制剖面图、断面图。

(2) 能识读剖面图、断面图。

任务 1 剖面图

一、剖面图的形成

当物体的内部构造和形状较复杂时，在投影图中不可见的轮廓线（虚线）和可见的轮廓线（实线）往往会交叉或重叠在一起，例如一幢楼房，内部有各种房间，还有楼梯、门窗、地下基础等,如果都用虚线来表示这些看不见的部分,必然形成图形中虚实线重叠交错,混淆不清,无法表示清楚房屋内部构造,也不利于标注尺寸和读图。为了能清晰地表达出形体内部构造形状,比较理想的图示方法就是形体的剖面图。

我们假想用剖切面剖开物体,把剖切面和观察者之间的部分移去,将剩余部分向投影面投射,所得的图形称为剖面图,简称剖面。

图 6-1 所示为双柱杯形基础的投影图。假想用正平面 P 沿基础前后对称面进行剖切,移去平面 P 前面的部分,将剩余的后半部分向正立投影面投射,如图 6-2(a)所示,就得到了杯形基础的正向剖面图,如图 6-2(b)所示。同样,可选择侧平面沿基础上杯口的中心线进行剖切,如图 6-2(c)所示,投射后得到基础的侧向剖面图,如图 6-2(d)所示。

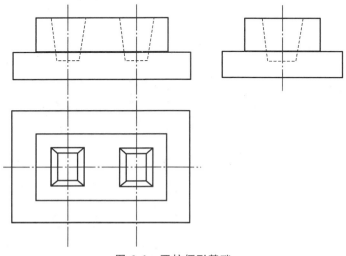

图 6-1 双柱杯形基础

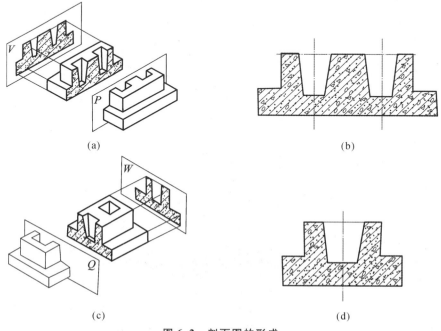

(a)   (b)

(c)   (d)

图 6-2 剖面图的形成

二、剖面图的画法

1. 剖切平面的选择

剖切平面一般应平行于某一基本投影面,如图 6-2(a)、(c)所示,分别用正平面、侧平面剖切。

为了表达清晰,应尽量使剖切平面通过形体的对称面或主要轴线,以及物体上的孔、洞、槽等结构的轴线或对称中心线剖切。

如图 6-2(a)所示,剖切平面为基础的前后对称面,图 6-2(d)所示剖切平面通过基础杯口的中心线,所得剖面图如图 6-3 所示。

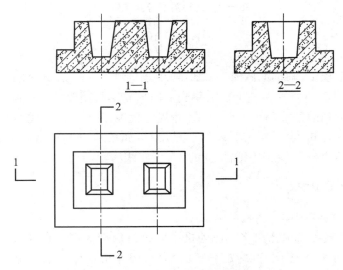

图 6-3　用剖面图表示的双柱杯形基础

2. 剖面图的标注

1）剖面图的剖视剖切符号

剖面图的剖视剖切符号由剖切位置线和剖视方向线组成,均应以粗实线绘制。

剖切位置线实质上是剖切平面的积聚投影,标准规定用两小段粗实线表示,每段长度宜为 6～8 mm,如图 6-4 所示。剖切位置线有时需要转折。

剖视方向线表明剖面图的投射方向,画在剖切位置线的两端同一侧且与其垂直,长度短于剖切位置线,宜为 4～6 mm,如图 6-4 所示。

2）剖视剖切符号的编号及剖面图的图名

剖视剖切符号的编号宜采用阿拉伯数字,按顺序由左至右、由下至上连续编排,并注写在剖视方向线的端部,如图 6-4 所示。

剖面图的图名以剖切符号的编号命名。如剖切符号编号为1,则相应的剖面图命名为"1—1剖面图",也可简称作"1—1",其他剖面图的图名也应同样依次命名和标注。图名一般标注在剖面图的下方或一侧,并在图名下绘一根与图名长度相等的粗横线,如图 6-3 所示。

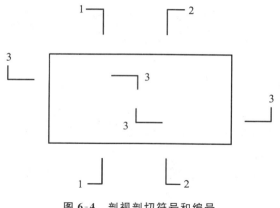

图 6-4　剖视剖切符号和编号

3. 材料图例

按国家制图标准规定,画剖面图时在截断面部分应画上形体的材料图例,常用的建筑材料图例见表 6-1。在剖面图中,形体被剖切后得到的断面轮廓线用粗实线绘制,剖切面没有剖切到但沿投影方向可以看到的部分用中实线绘制,并规定要在断面上画出建筑材料图例,以区分断面部分和非断面部分,同时表明建筑形体的选材用料,如图 6-3 所示断面上画的是钢筋混凝土图例。如果不需要指明材料,可用间隔均匀的 45°细实线表示。

4. 剖面图的画图步骤

（1）先画出形体的三视图。

（2）根据剖切位置和投射方向将相应的投影图改造成剖面图。在此过程中,先确定断面部分,在断面轮廓内画上材料图例;再确定非断面部分,即保留物体上的可见轮廓线,删除原有投影图中剖切后不存在的图线。

（3）标注剖视剖切符号及图名。

表 6-1　常用的建筑材料图例

序号	名　称	图　例	说　明
1	自然土壤		包括各种自然土壤
2	夯实土壤		—
3	毛石		—
4	实心砖、多孔砖		包括普通砖、多孔砖、混凝土砖等砌体
5	混凝土		（1）包括各种强度等级、骨料、添加剂的混凝土
6	钢筋混凝土		（2）在剖面图上绘制表达钢筋时,则不需绘制图例线（3）断面图形较小,不易绘制表达图例线时,可填黑或深灰（灰度宜 70%）

续表

序号	名　称	图　例	说　明
7	多孔材料	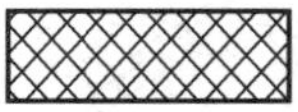	包括水泥珍珠岩、沥青珍珠岩、泡沫混凝土、软木、蛭石制品等
8	木材	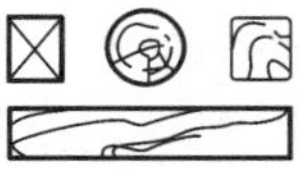	(1) 上图为横断面,左上图为垫木、木砖、木龙骨 (2) 下图为纵断面
9	纤维材料		包括矿棉、岩棉、玻璃棉、麻丝、木丝板、纤维板等
10	金属		(1) 包括各种金属 (2) 图形小时,可填黑或深灰(灰度宜 70%)
11	玻璃	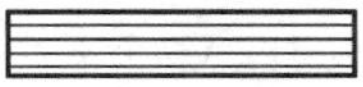	包括平板玻璃、磨砂玻璃、夹丝玻璃、钢化玻璃、中空玻璃、夹层玻璃、镀膜玻璃等
12	防水材料		构造层次多或比例较大时,采用上面图例
13	粉刷	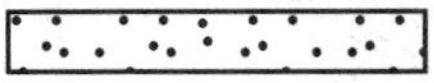	本图例采用较稀的点

三、剖面图的种类

根据形体的内部和外部形状,可选择不同的剖切方式,剖面图有全剖面图、半剖面图、阶梯剖面图、局部剖面图、分层剖切剖面图和展开剖面图等种类。

1. 全剖面图

用剖切面完全地剖开形体所得到的剖面图称为全剖面图。全剖面图以表达内部结构为主,常用于外部形状较简单的不对称形体。

在建筑工程图中,建筑平面图就是用水平全剖的方法绘制的水平全剖面图,如图 6-5(b)所示。

2. 阶梯剖面图

用两个或两个以上互相平行的剖切面剖切物体得到的剖面图,通常称为阶梯剖面图。当形体内部结构层次较多,用一个剖切面不能同时剖切到所要表达的几处内部构造时,常采用阶梯剖面图。

如图 6-5、图 6-6 所示,如果用一个正平面剖切形体,则不能同时剖开形体上前后层次不同的孔洞。此时用两个互相平行的正平面经过孔洞的中心线剖切,中间转折一次,这样同时剖到两个孔洞,满足了要求。

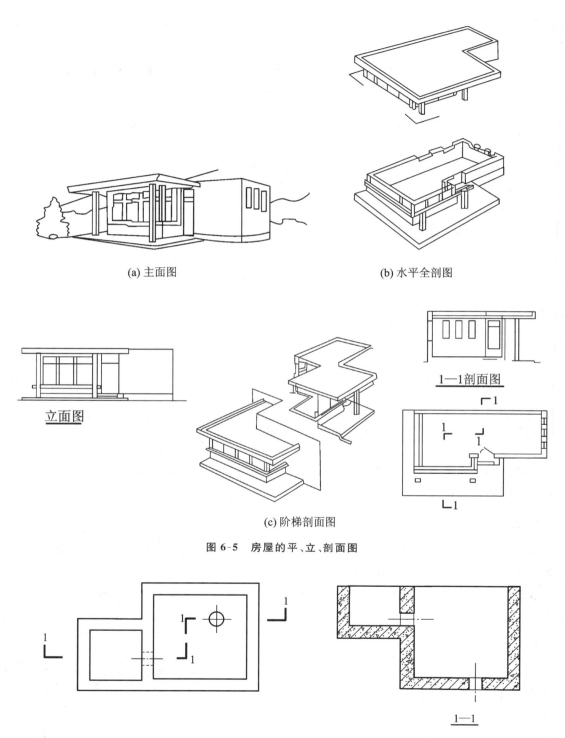

(a) 主面图

(b) 水平全剖图

立面图

1—1剖面图

(c) 阶梯剖面图

图 6-5　房屋的平、立、剖面图

1—1

图 6-6　阶梯剖面图

3. 半剖面图

对于对称的形体,作剖面图时可以对称线为分界线,一半画剖面图表达内部结构,一半画视图表达外部形状,这种剖面图称为半剖面图。半剖面图适用于内外形状都较复杂的对称形体(如图6-7所示)。当剖切平面与形体的对称平面重合,且半剖面图位于基本视图的位置时,可以不予标注剖面剖切符号。当剖切平面不通过形体的对称平面,则应标注剖切线和剖视方向线。

4. 局部剖面图

假想用剖切面将形体局面剖开,以表示出物体局部的内部构造形状,称为局部剖面图。如图6-8所示的杯形基础,为了保留较完整的外形,将其水平投影的一角剖开画成局部剖面,以表示基础内部的钢筋配置情况。基础的正面投影是个全剖图,画出了钢筋的配置情况,此处将混凝土视为透明体,不再画混凝土的材料图例,这种图在结构施工图中称为配筋图。

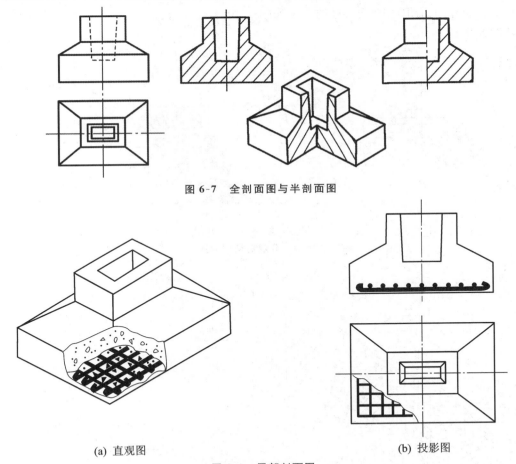

图 6-7　全剖面图与半剖面图

(a) 直观图　　　　　　　　　　(b) 投影图

图 6-8　局部剖面图

5. 分层剖切剖面图

对一些具有分层构造的工程形体,可按实际情况用分层剖开的方法得到其剖面图,称为分层剖面图。如图 6-9 所示是表示楼板层分层构造的剖面图,图中以波浪线为界,将剖切到的楼板,一层一层剥离开来,分别画出楼板的构造层次:结构层、找平层、面层等。在画分层剖面时,应按层次以波浪线分界,波浪线不与任何图线重合。

6. 展开剖面图

当形体有不规则的转折,或有孔洞槽而采用以上三种剖切方法都不能解决时,可以用两个相交剖切平面将形体剖切开,所得到的剖面图,经旋转展开,平行于某个投影面后再进行正投影称为展开剖面图。

如图 6-10 所示为一个楼梯展开剖面图,由于楼梯的两个梯段间在水平投影图上成一定夹角,如用一个或两个平行的剖切平面都无法将楼梯表示清楚,因此可以用两个相交的剖切平面进行剖切,移去剖切平面和观察者之间的部分,将剩余楼梯的右面部分旋转至与正立投影面平行后,便可得到展开剖面图,在图名后面加"展开"两字,并加上圆括号。

在绘制展开剖面图时,剖切符号的画法如图 6-10(a)的 H 投影所示,转折处用粗实线表示,每段长度为 4~6 mm。

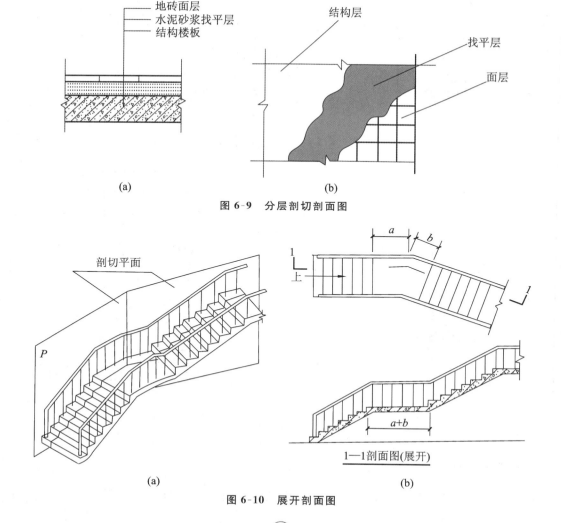

图 6-9 分层剖切剖面图

图 6-10 展开剖面图

任务 2 断面图

一、断面图的形成

用一个假想剖切平面剖开物体,将剖得的断面向平行的投影面投射,所得的图形称为断面图或断面,如图 6-11 所示。

断面图常用于表达建筑物中梁、板、柱的某一部位的断面形状,也用于表达建筑形体的内部形状。图 6-11 所示为一根钢筋混凝土牛腿柱,由图可见,断面图与剖面图有许多共同之处,如都是用假想的剖切平面剖开形体,断面轮廓线都用粗实线绘制,断面轮廓范围内都画材料图例等。

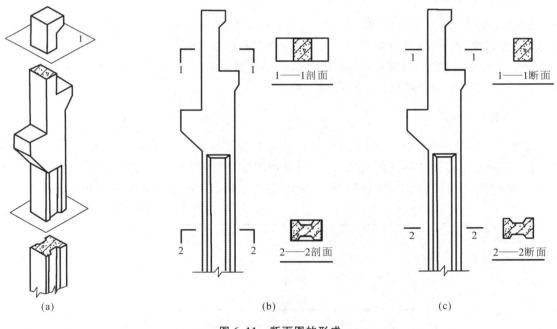

(a) (b) (c)

图 6-11 断面图的形成

二、断面图与剖面图的主要区别

1. 表达的内容不同

断面图只画出被剖切到的断面的实形,即断面图是面的投影;而剖面图是将被剖切到的断面连同断面后面剩余形体一起画出,是体的投影。实际上,剖面图中包含着断面图,如图 6-11(b)、(c)所示。

2. 标注不同

断面图的剖视剖切符号只画剖切位置线,用粗实线绘制,长度为 6～10 mm,不画投射方向线;而用剖切符号编号的注写位置来表示投射方向,编号所在一侧应为该断面的投射方向。图 6-11(c)中 1—1 断面和 2—2 断面表示的剖视方向都是由上向下。

3. 用途不同

断面图则是用来表达形体中某断面的形状和结构的;而剖面图则是用来表达形体内部形状和结构的。

三、断面图的种类

根据断面图在视图中的位置,可分为移出断面图、重合断面图和中断断面图三种。

1. 移出断面图

配置在视图以外的断面图,称为移出断面图。如图 6-11(c)所示,钢筋混凝土柱按需要采用 1—1、2—2 两个断面图来表达柱身的形状,这两个断面都是移出断面图。

断面图移出的位置一般在剖切位置附近,以便对照识读。断面图一般可采用较大的比例画出,以利于标注尺寸和清晰地显示其内部构造。

2. 重合断面图

将断面图旋转90°重合到基本投影图上,称为重合断面图。如图 6-12 所示,为一角钢的重合断面,该断面没有标注断面的剖切符号,通常在图形简单时,可不画剖切位置线亦不编号。画重合断面图时,不需要标注剖切符号,断面轮廓线用细实线绘制,投影轮廓线用粗实线绘制。

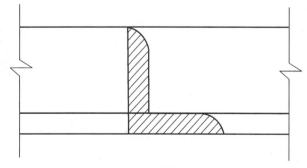

图 6-12 角钢重合断面图

重合断面图还可用于结构布置图(见图 6-13)和装饰立面图(见图 6-14)等。如图 6-13 表示屋顶结构的形式与坡度,图 6-14 表示墙壁立面上装饰花纹凸凹起伏的状况。

3. 中断断面图

画等截面的细长杆件时,常把断面图直接画在构件假想的断开处,称为中断断面,断开处采

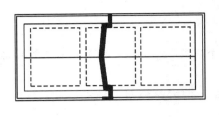

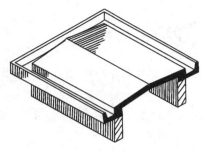

(a) 重合断面图　　　　　　　　　　　　　(b) 立体图

图 6-13　屋顶结构重合断面图

用折断线表示，圆形构件要采用曲线折断方式。如图 6-15 所示，由金属或木质等材料制成的构件的横断面，分别为角钢、方木、圆木、钢管。

用断面图表示钢屋架中杆件的型钢组合情况（这里只画出屋架的局部），断面图布置在杆件的断开处（见图 6-16）。

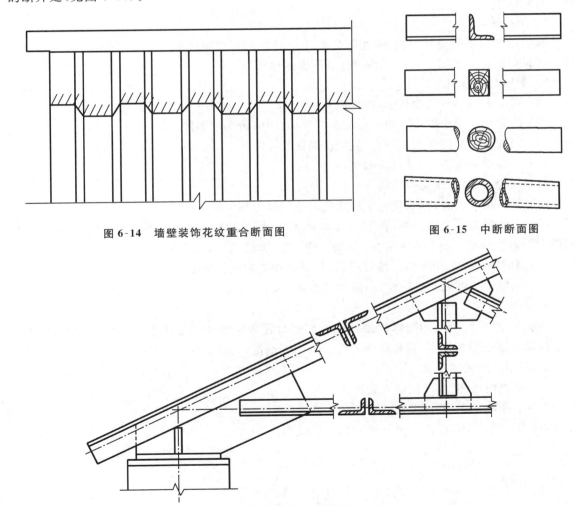

图 6-14　墙壁装饰花纹重合断面图　　　　　图 6-15　中断断面图

图 6-16　钢屋架的中断断面图

项目小结

本项目是从投影知识到建筑工程制图、识图的一个过渡,是绘制和识读施工图的基础,学好本章对以后学习建筑施工图非常重要。

在建筑工程施工图中,为了能具体、全面、准确、简单地表达建筑形体的形状、大小,在工程制图中,常采用多种表达形式。

剖面图与断面图是工程制图中表达建筑形体内部形状的主要表达方式。剖面图主要用来表达建筑物或建筑构件内部形状的主要手段,断面图是建筑杆件形状的主要表达形式。剖面图有全剖面图、半剖面图、阶梯剖面图、局部剖面图、分层剖面图和展开剖面图,断面图有移出断面图、中断断面图和重合断面图。剖面图或断面图都应在被剖切的断面上画出构件的材料图例。

在识读施工图时,首先要分析施工图采用的方法,针对不同的表达方法,采取不同的识读方法。在阅读施工图中的剖面图和断面图时,应先分析剖切平面的位置、剖切方向,然后再阅读剖面图或断面图。

1. 剖视图

假想用剖切平面剖开物体,将处在观察者和剖切平面之间的部分移去,而将其余的部分向投影面投影所得到的图形,称为剖面图,也称为剖视图。

2. 常用剖切方法

(1)用一个剖切平面剖切(全剖面图)。

(2)用两个或两个以上互相平行的剖切平面剖切(阶梯剖面图)。

(3)用两个相交剖切面的剖切(旋转剖面图)。

(4)用局部剖面剖开物体(局部剖切)。

3. 画剖面图时应注意的问题

(1)剖切是假想的,目的是为了清除的表达物体内部形状。

(2)为使得图样层次分明,在剖切面与物体接触的部分(即断面)要画出相应的材料图例。图例中的斜线一律画成与水平成 45°的细实线,且应间隔均匀,疏密适度。

(3)剖面图的名称用相应的编号代替,注写在相应的图样下方。

(4)图样中不可见的轮廓线,一般均可不画。

4. 断面图

用假想剖切平面剖开物体,仅画出该剖切面与物体接触断面的图形,同时在剖切断面的实体物体部分画上材料图例,这样画出的图形称为断面图,简称断面。

5. 常用的断面图形式

(1)移出断面图(断面图画在视图之外)。

(2)中断断面图(断面图画在视图的中断处)。

(3)重合断面图(断面图画在视图的轮廓线内)。

项 目 **7**

建筑施工图

学习目标

○ ○ ○ ○

▌知识目标

（1）了解建筑物的组成及其作用。
（2）熟悉建筑施工图的设计过程。
（3）熟悉建筑施工图的常用符号。
（4）掌握建筑施工图的识图方法。

▌能力目标

（1）能设计简单的建筑工程。
（2）能识读、绘制建筑工程图。

任务 **1** 民用建筑的组成

○ ○ ○

民用建筑一般是由基础、墙或柱、楼地层、楼梯、屋顶、门窗等主要部分组成的，如图 7-1 所示。

一、基础

基础是建筑物最下部的承重构件，它承受建筑物的全部荷载，并将荷载传给它下面的土

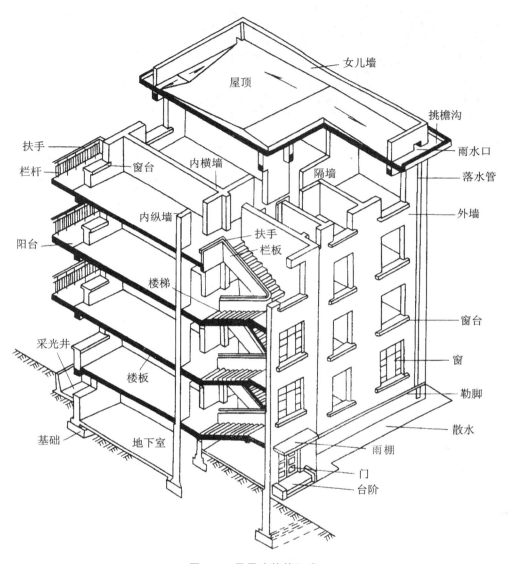

图 7-1 民用建筑的组成

层——地基。基础是建筑物的重要组成部分,必须具有足够的强度、稳定性,同时应能抵御土层中各种有害因素的作用。

二、墙或柱

　　墙或柱是建筑物的垂直方向承重构件,承受屋顶、楼地层、楼梯等构件传来的荷载,并将这些荷载传给基础。墙不仅是一个承重构件,它同时也是房屋的围护构件:外墙分隔建筑物内外空间,抵御自然界各种因素对建筑的侵袭;内墙分隔建筑内部空间,避免各空间之间的相互干扰。根据墙所处的位置和所起的作用,分别要求它具有足够的强度、稳定性及保温、隔热、节能、隔声、防潮、防水、防火等功能,以及具有一定的经济性和耐久性。当用柱作为房屋的承重构件时,填充在柱间的墙仅起围护作用。

三、楼地层

楼地层可分成楼层和地层。楼层和地层是建筑物水平方向的围护构件和承重构件。楼层分隔建筑物上下空间,并承受作用其上的家具、设备、人体、隔墙等荷载及楼板自重,并将这些荷载传给墙或柱。楼层还起着墙或柱的水平支撑作用,以增加墙或柱的稳定性。楼层必须具有足够的强度和刚度。根据上下空间的特点,楼层还应具有隔声、防潮、防水、防火、保温、隔热等功能。地层是底层房间与土壤的隔离构件,除承受作用其上的荷载外,应具有防潮、防水、保温等功能。

四、楼梯

楼梯是建筑物的垂直交通设施,在平时供人们上下楼层及运送物品之用,在处于火灾、地震等事故状态时供人们紧急疏散人流。它应具有足够的通行宽度和疏散能力、足够的强度和刚度,并具有防火、防滑、耐磨等功能。

五、屋顶

屋顶是建筑物顶部的围护构件和承重构件。它抵御自然界的雨、雪、风、太阳辐射等因素对房间的侵袭,同时承受作用其上的全部荷载,并将这些荷载传给墙或柱。因此,屋顶必须具备足够的强度、刚度以及保温、隔热、防潮、防水、排水、防火、耐久及节能等功能。

六、门和窗

门的主要功能是交通出入,分隔和联系内部与外部或室内空间,有的兼起通风和采光作用。门的大小和数量以及开关方向是根据通行能力、使用方便和疏散要求等因素决定的。窗的主要功能是采光和通风透气,同时又有分隔与围护作用,并起到空间视觉联系的作用。门和窗均属围护构件,根据其所处位置,门窗应具有保温、隔热、隔声、节能、防风沙及防火等功能。

一栋建筑物除上述六大基本构件外,根据使用要求还有一些其他构件,如阳台、壁橱、烟道、通风道、雨棚、台阶、明沟、散水、勒脚等。

任务 2 建筑施工图的组成

建筑施工图是应用投影的理论、按照国家建筑制图标准的规定,将建筑物的形状和大小准确完整地绘制出来,并注以构成材料及施工技术要求的图样。它能准确地表达出房屋的建筑结构及室内各种设备等设计的内容和技术要求。

建筑施工图的作用:①它是审批建筑工程项目的依据;②在生产施工中,它是备料和施工的依据;③当工程竣工时,要按照工程图的设计要求进行质量检查和验收,并以此评价工程质量的优劣;④建筑施工图是编制工程概算、预算、决算及审计工程造价的依据;⑤建筑施工图是具有法律效力的技术文件。

建筑施工图由于专业分工不同,一般分为建筑施工图、结构施工图和水暖电施工图。各专业图纸中又分为基本图和详图两部分。基本图表明全局性的内容和控制尺寸,详图表明某些构件或某些局部详细尺寸和材料构成等。

(1)建筑施工图(简称建施)主要表示建筑物的总体布局、外部造型、内部布置、细部构造、装修和施工要求等。基本图包括总平面图、建筑平面图、立面图和剖面图等;详图包括墙身、楼梯、门窗、厕所、屋檐及各种装修、构造的详细做法。

(2)结构施工图(简称结施)主要表示承重结构的布置情况、构件类型及构造和做法等。基本图包括基础图、柱网平面布置图、楼层结构平面布置图、屋顶结构平面布置图等。构件图(即详图)包括柱、梁、楼板、楼梯、雨棚等的制作示图。

(3)给水、排水、采暖、通风、电气等专业施工图(也可统称它们为设备施工图),简称分别是水施、暖施、电施等,它们主要表示管道(或电气线路)与设备的布置和走向、构件作法和设备的安装要求等。这几个专业的共同点是基本图都是由平面图、轴测系统图或系统图所组成;详图有构件配件制作图或安装图。

上述施工图,都应在图纸标题栏注写自身的简称与图号,如"建施1"、"结施1"等。

一套建筑施工图的编排顺序是:图纸目录、设计技术说明、总平面图、建筑施工图、结构施工图、水暖电施工图等。各工种图纸的编排一般是全局性图纸在前,表达局部的图纸在后;先施工的在前,后施工的在后。

图纸目录(首页图)主要说明该工程是由哪几个专业图纸所组成,各专业图纸的名称、张数和图号顺序。先列新绘制图纸,后列选用的标准图或重复利用图。

设计技术说明主要是说明工程的概貌和总的要求,包括工程设计依据、设计标准、施工要求等。

任务 3 建筑施工图常用符号

一、定位轴线与编号

房屋中的基础、承重墙或柱等承重构件,均应画出它们的轴线,并进行编号,以便施工放线和查阅图纸,这些轴线称为定位轴线。

定位轴线的编号注写在轴线端部的圆内。定位轴线用细点画线绘制,圆用细实线绘制,直径为 8 mm。

平面图上定位轴线的编号,宜标注在图样的下方与左侧。横向编号应用阿拉伯数字,从左至右顺序编写,竖向编号应用大写拉丁字母,从下至上顺序编写,但其中 I、O、Z 三个字母不得用于轴线编号,如图 7-2 所示。

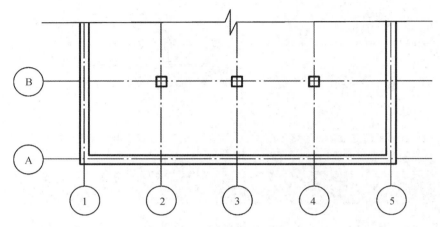

图 7-2　定位轴线的编号顺序

对于非承重的隔墙以及其他次要承重构件,可由注明其与附近轴线的有关尺寸来确定,也可在轴线之间增设附加轴线。附加定位轴线的编号,应以分数形式表示,并应按下列规定编写。

(1) 两根轴线间的附加轴线,应以分母表示前一轴线的编号,分子表示附加轴线的编号,编号宜用阿拉伯数字顺序编写,如:

$\frac{1}{2}$ 表示 2 号轴线之后附加的第一根轴线;

$\frac{3}{B}$ 表示 B 号轴线之后附加的第三根轴线。

(2) 1 号轴线或 A 号轴线之前的附加轴线的分母应以 01 或 0A 表示,如:

$\frac{1}{01}$ 表示 1 号轴线之前附加的第一根轴线;

$\frac{2}{0A}$ 表示 A 号轴线之前附加的第二根轴线。

一个详图适用于几根轴线时,应同时注明各有关轴线的编号(见图 7-3)。

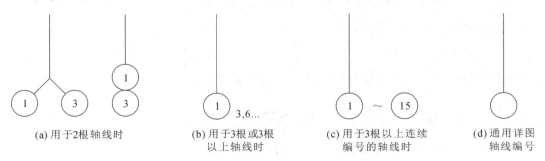

(a) 用于2根轴线时　　(b) 用于3根或3根　　(c) 用于3根以上连续　　(d) 通用详图
　　　　　　　　　　　　　以上轴线时　　　　　　编号的轴线时　　　　　轴线编号

图 7-3　详图的轴线编号

通用详图中的定位轴线,应只画圆,不注写轴线编号。

圆形平面图中定位轴线的编号，其径向轴线宜用阿拉伯数字表示，从左下角开始，按逆时针顺序编写；其圆周轴线宜用大写拉丁字母表示，从外向内顺序编写，如图 7-4 所示。

折线形平面图中定位轴线的编号可按图 7-5 的形式编写。

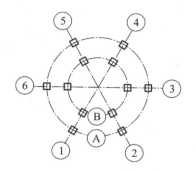

图 7-4　圆形平面定位轴线的编号

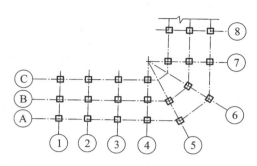

图 7-5　折线形平面定位轴线的编号

二、标高

建筑工程图中，经常用标高来表示某一部位的高度。

1. 标高符号

标高符号应以直角等腰三角形表示（见图 7-6(a)），用细实线绘制，如标注位置不够，也可按图 7-6(b)所示形式绘制。

2. 标高的形式

（1）一般用于立面图和剖面图，其尖端表示所注标高的位置，在横线处注明标高值（见图 7-7）。

（2）用于表明平面图室内地面的标高（见图 7-6）。

（3）用于总平面图中和底层平面图中的室外整平地面标高（见图 7-8）。

(a) 一般情况　(b) 特殊情况

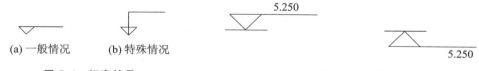

图 7-6　标高符号

图 7-7　标高的指向

在图样的同一位置需表示几个不同标高时，标高数字可按图 7-9 的形式注写。

(a) 符号

(b) 具体画法

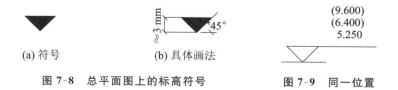

图 7-8　总平面图上的标高符号

图 7-9　同一位置

3．标高的分类

1）按标高基准面的选定情况分为绝对标高和相对标高

绝对标高：绝对标高是以一个国家或地区统一规定的基准面作为零点的标高。我国的"1985 国家高程基准"规定以青岛附近黄海的平均海平面作为标高的零点。

相对标高：凡标高的基准面（即±0.000 水平面）是根据工程需要而自行选定的，这类标高称为相对标高。在一般建筑工程中，通常取底层室内主要地面作为相对标高的基准面（即±0.000），并在建筑工程的总说明中说明相对标高和绝对标高的关系。

2）按标高所注的部位分建筑标高和结构标高

建筑标高是标注在建筑物的装饰面层处的标高；结构标高是标注在建筑物结构部位的标高，如图 7-10 所示。

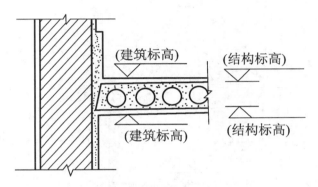

图 7-10　建筑标高和结构标高

4．标高的单位

标高数字以米为单位。绝对标高注写到小数点以后第二位，如在总平面图中的绝对标高，就注写到小数点以后第二位。相对标高注写到小数点以后第三位，如相对标高的零点标高应注写成±0.000，正数标高不注"＋"，负数标高应注"－"，如 4.500，－4.500。

三、索引符号与详图符号

当图纸中的部分图形或某一构件，由于比例较小或细部构造较复杂并无法表示清楚时，通常将这些图形和构件用较大的比例放大画出，这种放大后的图就称详图。为了使详图与有关的图能联系起来且查阅方便，通常采用索引标志的方法来解决，即在需要另画详图的部位以索引符号索引，在详图上编上详图符号，两者一一对应。

索引符号的圆及直径以细实线绘制，圆的直径为 10 mm；详图符号以粗实线绘制，圆的直径为 14 mm。索引符号和详图符号见表 7-1。

表 7-1 索引符号和详图符号

名　称	符　号	说　明
详图的索引符号	$\phi 10$ mm ——详图编号 5 细实线 ——详图在本张图内 剖视符号 (表示从前向后) ——详图编号 4 剖视详图在本张图纸上 ——详图编号 5 4 ——详图所在图纸编号	被索引的详图在同一张图纸上
	——详图编号 5 4 ——剖视详图所在图纸编号 图集符号 详图编号 J103 6 7 ——详图所在图集编号	被索引的详图不在同一张图纸上 索引出的详图,如采用标准图,应在索引符号水平直径的延长线上加注该标准图册的编号
详图符号	粗实线 $\phi 14$ mm 5 ——详图编号 4 ——详图编号	被索引的详图在同一张图纸上
	详图编号 5 6 ——索引所在图纸编号	被索引的详图不在同一张图纸上

四、引出线

引出线应以细实线绘制,采用与水平方向成 30°、40°、60°、90°的直线,或者经上述角度再折为水平线。文字说明宜注写在水平线上方,也可注写在水平线的端部。索引详图的引出线应与水平直径线相连(见图 7-11(a))。

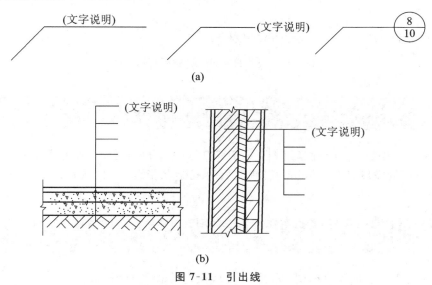

(a)

(b)

图 7-11　引出线

多层构造共用引出线,应通过被引出的各层,文字说明注写在横线上方或横线端部,说明的顺序应由上至下,并应与被说明的层次一致(见图 7-11(b))。

五、对称符号

当建筑物或构配件的图形对称时,可只画图形的一半,然后在图形的对称中心处画上对称符号,另一半图形可省略不画。对称符号由对称线和两端的两对平行线组成。对称线用细单点长画线绘制;平行线用细实线绘制,长度为 6～10 mm,平行线的间距为 2～3 mm,对称线垂直平分两对平行线,两端超出平行线宜为 2～3 mm(见图 7-12(a))。

六、连接符号

连接符号是用来表示结构构件图形的一部分与另一部分的相连关系(见图 7-12(b))。连接符号应以折断线表示需连接的部位,应以折断线两端靠图样一侧的大写拉丁字母表示连接编号。两个被连接的图样,必须用相同的字母编号。

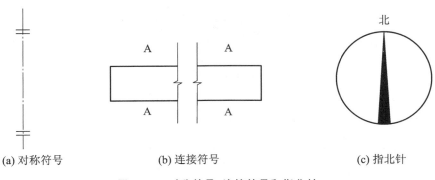

(a) 对称符号　　　　　(b) 连接符号　　　　　(c) 指北针

图 7-12　对称符号、连接符号和指北针

七、指北针

在底层建筑平面图上，应画指北针（见图 7-12（c））。指北针用细实线绘制，圆的直径为 24 mm，指针尾部的宽度宜为 3 mm。需用较大直径绘制指北针时，指针尾部宽度宜为直径的 1/8。

八、风向频率玫瑰图

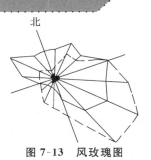

图 7-13　风玫瑰图

风向频率玫瑰图也称风玫瑰图（见图 7-13），在建筑总平面图上，通常应按照当地实际情况绘制风向频率玫瑰图。它是根据当地的风向资料将全年中各个不同风向的天数用同一比例画在十六个方位线上，然后用实线连接成多边形，其形似花故由此得名。在风玫瑰图中还有用虚线画成的封闭折线，是用来表示当地夏季六、七、八三个月的风向频率情况的，从图 7-13 可以看出该地区的全年与夏季的主导风向是东南风。

任务 4　建筑施工图设计总说明及总平面图

一、首页

建筑施工图的首页包括工程概况、主要设计依据、设计说明、图纸目录、门窗表、装修表以及有关的技术经济指标等。有时建筑总平面图也可以画在首页上。

1. 工程概况

其内容一般包括建筑名称、建设地点、建设单位、建筑面积、建筑基底占地面积、建筑工程等级、设计使用年限、建筑层数和建筑高度、防火设计建筑分类和耐火等级、人防工程防护等级、屋面防水等级、地下室防水等级、抗震设防烈度等，以及能反映建筑规模的主要技术经济指标，如住宅的套型和套数（包括每套的建筑面积、使用面积、阳台建筑面积，房间的使用面积可在平面图中标注）、旅馆的客房房间数和床位数、医院的门诊人次和住院部的床位数、车库的停车泊位数等；设计标高、本项目的相对标高与总图绝对标高的关系，工程设计的范围等。

2. 主要设计依据

本项目工程施工图设计，依据相关建设性文件、批文和相关规范。

3. 设计说明

工程所在地区的自然条件，建筑场地的工程地质条件，规划要求以及人防、防震的依据，承担设计的范围与分工，水、电、暖、煤气等供应情况以及道路条件，采用新技术、新材料的做法说明及对特殊建筑造型和必要的建筑构造的说明等。

4. 技术经济指标

技术经济指标一般以表格形式列出，包括用地面积、总建筑面积、建筑系数、建筑容积率、绿化系数、单位综合指标等。

5. 图纸目录

图纸目录一般以表格形式画出。每一项工程都会有许多张图纸，为了便于查阅，针对每张图纸所表示的建筑部位，给图纸起个名称，再用数字编号，确定图纸的顺序。如建施01，表示建筑施工图的第一张图纸。

6. 门窗表

门窗表一般包含门窗个数及门窗性能（如防火、隔声、防护、抗风压、保温、空气渗透、雨水渗透等）、用料、颜色、玻璃、五金件等设计要求。

7. 装修表

装修表一般包括墙体、墙身防潮层、地下室防水、屋面、外墙面、勒脚、散水、台阶、坡道、油漆、涂料等的材料和做法，可用文字说明或部分文字说明，部分直接在图上引注或加注索引号。室内装修部分除用文字说明外，也可用表格形式表达，在表上填写相应的做法或代号；较复杂或较高级的民用建筑应另行委托室内装修设计；凡属二次装修的部分，可不列装修做法表和进行室内施工图设计，但对原建筑设计、结构和设备设计有较大改动时，应征得原设计单位和设计人员的同意。

二、建筑总平面图（简称总平面图）

1. 建筑总平面图的产生

在画有等高线或加上坐标方格网的地形图上，画上保留的和拟建的房屋外轮廓的水平投影，即总平面图。它是新建房屋在基地范围内的总体布置图，主要表明新建房屋的平面轮廓形状和层数、与保留建筑物的相对位置、周围环境、地貌地形、道路和绿化的布置等情况。

2. 建筑总平面图的作用

总平面图是新建的建筑物施工定位、放线和布置施工现场的依据；是了解建筑物所在区域的大小和边界、其他专业（如水、电、暖、煤气）的管线总平面图规划布置的依据；是建设项目开展技术设计的前提的依据；是房产、土地管理部门审批动迁、征用、划拨土地手续的前提；是城市规划行政主管部门核发建设工程规划许可证、核发建设用地规划许可证、确定建设用地范围和面积的依据；是建设项目是否珍惜用地、合理用地、节约用地的依据；是建设工程进行建设审查的必要条件。

3. 建筑总平面图的内容和识读要点

1）看图名、比例及有关文字说明

总平面图由于表达的范围较大，所以绘制时都用较小的比例，如 1：500、1：1000、1：2000等。总平面图上标注的尺寸，一律以米为单位。

2）了解新建工程的性质与总体布局

在用地范围内，了解各建筑物及构筑物的位置、道路、场地和绿化等布置情况以及各建筑物的层数。"国标"中所规定的几种常用图例（见表 7-2），我们必须熟识它们的意义。在较复杂的总平面图中，若用到一些"国标"没有规定的图例，必须在图中另加说明。

表 7-2　总平面图图例

名称	图　例	说　明	名称	图　例	说　明
新建的建筑物		（1）上图为不画出入口的图例，下图为画出入口的图例 （2）需要时，可在图形内右上角以点数或数字（高层宜用数字）表示层数 （3）用粗实线表示	原有的道路		
			计划扩建的道路		
			人行道		
原有的建筑物		（1）应注明拟利用者 （2）用细实线表示	拆除的道路	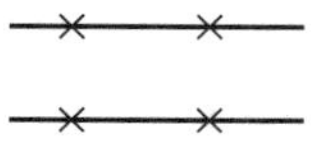	

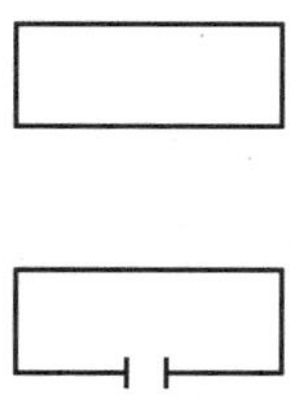

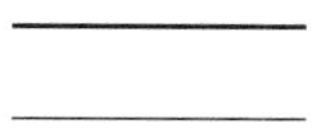

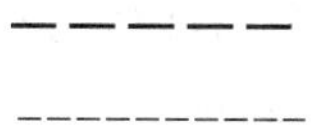

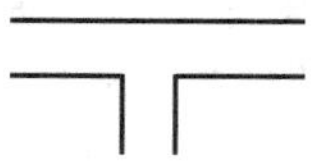

续表

名称	图例	说明	名称	图例	说明
计划扩建的预留地或建筑物		用中虚线表示	公路桥		用于旱桥时应注明
拆除的建筑物	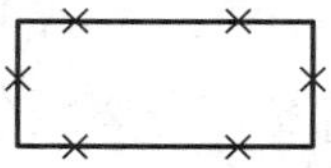	用细实线表示	敞棚或敞廊		
围墙及大门	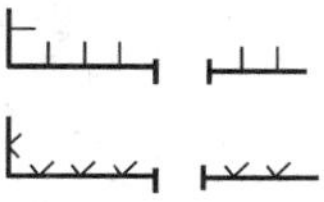	（1）上图为砖石、混凝土或金属材料的围墙，下图为镀锌铁丝网、篱笆等围墙 （2）如仅表示围墙时不画大门	铺砌场地		
坐标	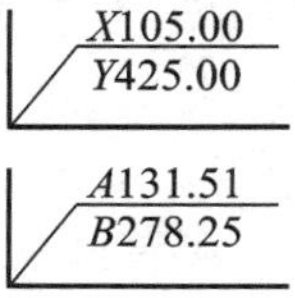 X105.00 Y425.00 A131.51 B278.25	上图表示测量坐标，下图表示施工坐标	针叶乔地		
坐标			阔叶乔木		
填挖边坡	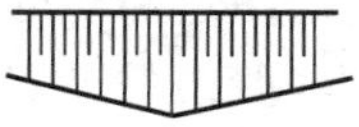	边坡较长时，可在一端或两端局部表示	针叶灌木		
护坡			阔叶灌木		
			修剪的树篱		
新建的道路	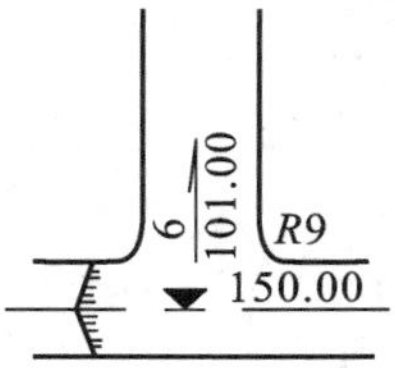 6 101.00 R9 150.00	（1）R9 表示道路转弯半径为 9 m，150 为路面中心标高，6 表示 6%，为纵向坡度，101.00 表示变坡点间距离 （2）图中斜线为道路断面示意，根据实际需要绘制	草地	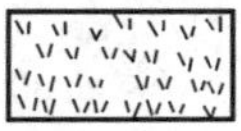	
			花坛	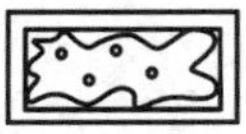	

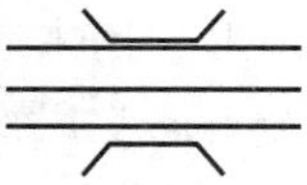

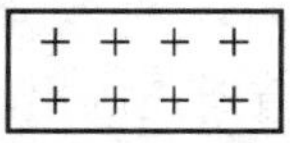

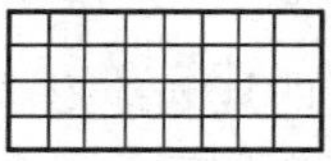

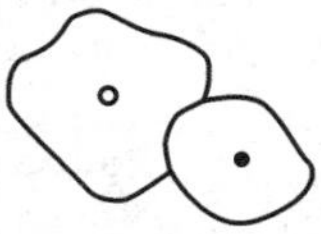

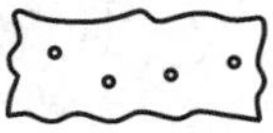

3）了解新建房屋室内外高差、道路标高及坡度

看新建房屋底层室内地面和室外整平地面的绝对标高，可知室内外地面高差及相对标高与绝对标高的关系。

在建筑总平面图上标注的标高一般均为绝对标高，工程中标高的水准引测点有的在图上直接可查阅到，有的则在图纸的文字说明中加以表明。在地形起伏较大的地区，应画出地形等高线（即用细实线画出地面上标高相同处的位置,并注上标高的数值),以表明地形的坡度、雨水排除的方向等。

4)看总平面图上的指北针或风玫瑰图

在总平面图中,通常还要画出带有指北方向的风向频率玫瑰图(简称风玫瑰图,参见图7-15右下角所绘制的图形),用来表示该地区常年的风向频率和房屋的朝向风玫瑰图是根据当地多年平均统计的各个方向吹风次数的百分数按一定比例绘制的,风的吹向是从外吹向中心。实线表示全年风向频率,虚线表示按6、7、8三个月统计的夏季风向频率。

5)查看房屋与管线走向的关系、管线引入建筑物的位置

总平面图上有时还画出给排水、采暖、电器等管网布置图,一般与设备施工图配合使用。

6)规划红线

在城市建设的规划地形图上划分建筑用地和道路用地的界限,一般都以红色线条表示。它是建造沿街房屋和地下管线时,决定位置的标准线,不能超越。

7)绿化规划

随着人们生活水平的提高,居住生活环境越来越受到重视,绿化和建筑小品在总平面图中也是重要的内容之一,包括一些树木、花草、建筑小品和美化构筑物的位置、场地建筑坐标(或与建筑物、构筑物的距离尺寸)、设计标高等。绿地率已成为居住生活质量的重要衡量指标之一。绿地率是项目绿地总面积与总用地面积的比值,一般用百分数表示。

8)容积率、建筑密度

容积率是项目总建筑面积与总用地面积的比值。一般用小数表示。建筑密度是项目总占地基地面积与总用地面积的比值,一般用百分数表示。

上面所列内容,不是任何工程设计都缺一不可,而应根据具体工程的特点和实际情况而定,对一些简单的工程,可不画出等高线、坐标网络(见图7-14)或绿化规划和管道的布置。

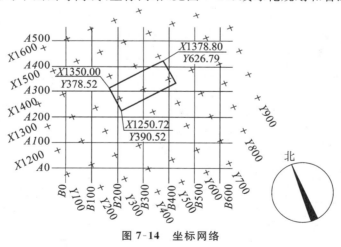

图 7-14 坐标网络

4. 建筑总平面图的阅读

图 7-15 所示的是某学校南角一个小范围内的总平面图,在图名旁已注明是按1∶500比例绘制的,在这个范围内要新建一幢四层楼教工住宅。在这样很小范围的平坦土地上建造房屋,所绘的小区总平面图,可以不必画出地形等高线和坐标网格,只要标明这幢住宅的平面轮廓形

状、层数、位置、朝向、室内外标高以及周围的地物等内容就可以了。从图 7-15 所示的小区总平面图可以看出下述有关内容。

1) 小区的风向、方位和范围

图的右下角画出了该地区的风玫瑰图,按风玫瑰图中所指的方向,可以知道这个小区是某学校从北向南延伸出来的一小块地方,位于路的北边,同时还可知道小区的常年和夏季的风向频率。

2) **新建房屋的平面轮廓形状、大小、朝向、层数、位置和室内外地面标高**

以粗实线画出的这幢新建住宅,显示了它的平面轮廓形状,左右对称,东西向总长 15.54 m,南北向总宽 11.34 m,朝向正南,四层。它以已建的室内球类房定位,其北墙面与室内球类房的南墙面平行,相距 36.50 m(图上所注的 31.00 m、3.50 m、2.00 m 相加的总尺寸),西墙面与室内球类房的西墙面平行,相距 8.50 m(见图中右下角所附的说明)。它的底层室内主要地面的绝对标高为 4.50 m,室外地面的绝对标高为 3.90 m,室内底层地面高出室外地面 0.60 m。

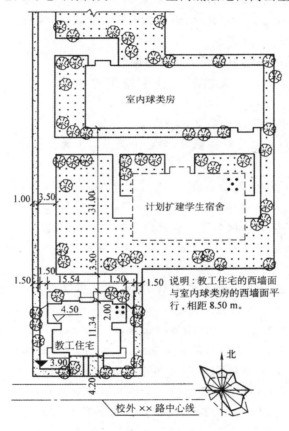

总平面图 1:500

图 7-15 总平面图

3) **新建房屋周围的环境以及附近的建筑物、道路、绿化等布置**

在新建住宅的四周,都有道路、草地和常绿阔叶灌木的绿化;东、南、西三面绿化带外侧是围墙;在住宅楼北墙两侧,各有 1.50 m 宽的人行道出入口,并分别设一个简易小门,与外界分隔开;在南墙外侧的绿化带中,有一块修剪过的树篱,将底层东西两户之间的户外地分隔开。这样,在简易小门内的地方,分属底层东西两户所有。新建住宅附近的其他地物布局是:向北沿西是围墙,除了沿墙边有 1.00 m 宽的草地外,还有 3.50 m 宽的车行道,与学校其他地区连通;在新建住宅的东北方,用中虚线画出了计划扩建一幢五层的学生宿舍:四周也都有绿化布置,三个入口处有道路与外界相通。在计划扩建的学生宿舍之北,有用细线画出的一幢原有的单层房屋——室内球类房,在图中也标明了室内球类房周围的道路和绿化布置等情况。由球类房沿东、西两围墙继续向北,与这个学校的其他区域相连。

三、施工总说明

施工总说明主要用来说明图样的设计依据和施工要求。中小型房屋的施工总说明也常与总平面图一起放在建筑施工图内。有时,施工总说明与建筑、结构总说明合并,成为整套施工图的首页,放在所有施工图的最前面。

以下实例,是摘录的新建教工住宅的施工总说明。

某校教工住宅施工总说明

(一)设计依据

本工程按某校所提出的设计任务书进行方案设计。

以北面原有的室内球类房为放样依据,按总平面图所示的尺寸放样。

(二)设计标高

底层室内主要地面设计标高±0.000,相当于绝对标高 4.500 m,室内外高差 0.600 m。

(三)施工用料

1.基础:该住宅采用钢筋混凝土片筏基础。

2.墙体:内外墙均采用长度为 240 mm 的标准砖,底层楼梯平台外墙用多孔砖,墙体用强度等级 M7.5 的砂浆砌筑。

3.楼板层与地面:底层地面及楼面采用 120 mm 厚现浇钢筋混凝土板,各楼层的厨房与卫生间采用 80 mm 厚现浇钢筋混凝土板。

4.屋面:120 mm 厚钢筋混凝土板,刷防水涂料,做 50mm 厚水泥珍珠岩保温层,覆盖 40 mm 厚强度等级为 C20 的细石混凝土钢筋网片整浇层,二毡三油,上洒绿豆砂,并在其上砌筑高度为 180 mm 的砖墩,再铺厚 35 mm 的 600 mm×600 mm 架空隔热板。

5.外墙粉刷:外墙及阳台栏板面用 1∶1∶6 水泥石灰砂浆打底,鹅黄石子掺 10% 黑石干粘石,雨棚、窗套、花台用 1∶1∶6 水泥石灰砂浆打底,白马赛克贴面。

6.内墙粉刷:卧室、过厅、厨房分别用 20 mm 厚 1∶3 石灰砂浆加草筋衬光,纸筋灰浆粉面,803 涂料刷二度,一二层过厅用淡蓝色,三、四层过厅用淡绿色;卫生间内墙用 20 mm 厚 1∶3 石灰砂浆加草筋衬光,1∶2.5 石灰砂浆粉面。

7.楼地面面层:现浇钢筋混凝土板上覆盖 40 mm 厚强度等级为 C15 的细石混凝土整浇层,随捣随光;过厅、厨房、厕所刷 777 涂料,120 mm 高 1∶2 水泥砂浆踢脚板。

8.油漆着色:钢窗、钢门、晒衣架漆深咖啡色,一底二度;楼梯木扶手漆淡咖啡色,铁栏杆漆深咖啡色;木门、壁橱门漆淡咖啡色。

9.屋面排水:天沟端部用 φ100 铸铁弯头。

(四)注意事项

施工单位需按图纸施工,并严格执行国家现行施工验收规范和地方建委批准的土建施工工艺规范。如图纸中有遗漏或不妥之处,或因各种原因要求更改设计时,请施工单位与设计单位联系,共同妥善解决。

任务 5 建筑平面图

一、建筑平面图的产生

建筑平面图(简称平面图)是建筑施工图的基本图样,它是假想用一水平的剖切面沿窗台的上方将房屋剖开后,对剖切面以下部分所作的水平投影图。

一般来说,房屋有几层,就应画出几个平面图,并在图的下面注明相应的图名,如底层平面图、二层平面图等。如果上下各层的房间数量、大小和布置都一样时,则相同的楼层可用一个平面图表示,称为标准层平面图或 X~X 层平面图。因此,建筑施工图中的平面图一般有底层平面图(除表示该层的内部情况外,还画有室外的台阶、花池、散水或明沟、雨水管的形状和位置,以及剖面的剖切符号等,以便与剖面图对照查阅),标准层平面图(除表示本层室内情况外,也需画出本层室外的雨棚、阳台等),顶层平面图(房屋最高层的平面布置图)以及屋顶平面图(房屋顶面的水平投影图)。对于某些建筑,往往因其在使用上的需要,在建筑的楼层间内设有局部的平台、夹层等,像这种平台和夹层的平面图的图名,常用它们房间的名称或平台面的标高来称呼。若建筑平面图左右对称时,也可将两层平面图画在同一个平面图上,左边画出一层的一半,右边画出另一层的一半,中间用点画线作分界线,线两端画上对称符号,并在图下面分别注明图名。

当某些楼层平面的布置基本相同,仅有局部不同时(包括楼梯间及其他房间等的分隔以及某些结构构件的尺寸有变化时),则不同部分就用局部平面图来表示,或者当某些局部布置由于比例较小而固定设备较多,或者内部组合比较复杂时,可以另画较大比例的局部平面图。

平面图上的线型粗细要分明。凡是被水平剖切面剖切到的墙、柱等断面轮廓线用粗实线,断面材料图例可用简化画法(如钢筋混凝土涂黑色等);门开启线,没有剖切到的可见轮廓线如窗台、台阶、明沟、花台、梯段等用中实线。粉刷层在 1∶100 的平面图中是不画的,在 1∶50 或比例更大的平面图中粉刷层则用细实线画出。

二、建筑平面图的作用

平面图能反映出建筑物的平面形状、大小和内部布置,墙(或柱)的位置、厚度和材料,门窗的类型和位置等情况。其可作为施工放线、墙体砌筑、门窗安装和室内外装修及编制工程量清单的重要依据。

三、建筑平面图的内容和识读要点

（1）看图名、比例、朝向，了解该图是哪一层的平面图，比例是多少。建筑平面图常用比例为1∶50、1∶100、1∶200。

（2）图例。建筑平面图的常用图例见表7-3。

表7-3　常用建筑构造及配件图例

序号	名　称	图　例	说　明
1	墙体	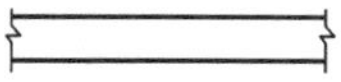	应加注文字或填充图例表示墙体材料，在项目设计图样说明中列材料图例表进行说明
2	隔断		（1）包括板条抹灰、木制、石膏板、金属材料等隔断 （2）适用于到顶与不到顶隔断
3	栏杆		
4	楼梯	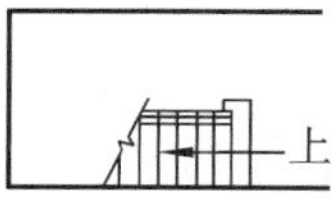 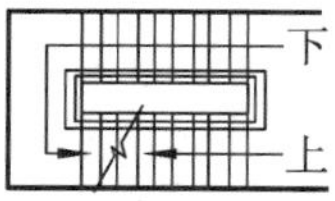 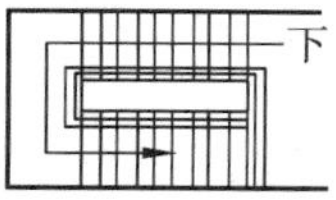	（1）上图为底层楼梯平面，中图为中间层楼梯平面，下图为顶层楼梯平面 （2）楼梯及栏杆扶手的形式和梯段踏步数应按实际情况绘制
5	坡道	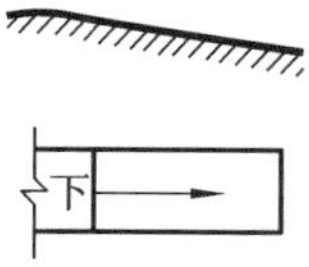 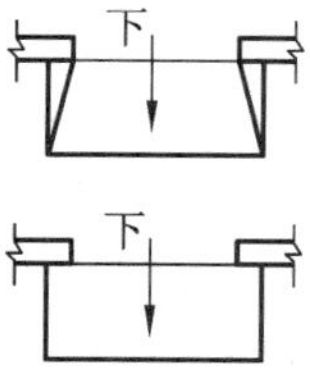	上图为长坡道，下图为门口坡道
6	烟道	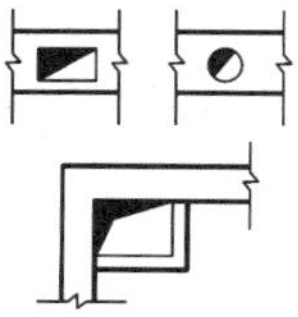	（1）阴影部分可以涂色代替 （2）烟道与墙体为同一材料，其相接处墙身线应断开
7	通风道	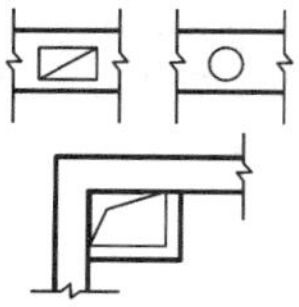	

续表

序号	名　称	图　例	说　明
8	孔洞		阴影部分可以涂色代替
9	单扇双面弹簧门	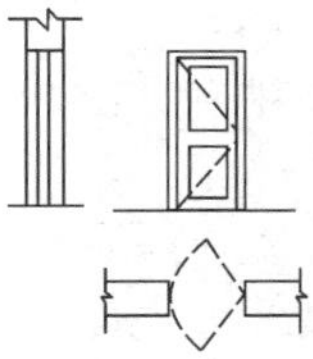	（1）门的名称代号用 M （2）图例中剖面图左为外、右为内，平面图下为外、上为内 （3）立面图上开启方向线交角的一侧为安装合页的一侧，实线为外开，虚线为内开 （4）平面图上门线应 90°或 45°开启，开启弧线宜绘出 （5）立面图上的开启线在一般设计图中可不表示，在详图及室内设计图上应表示 （6）立面形式应按实际情况绘制
10	双扇双面弹簧门	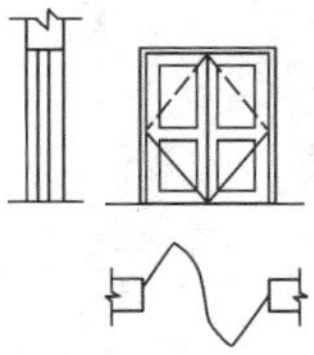	
11	单扇内外开双层门（包括平开或单面弹簧）	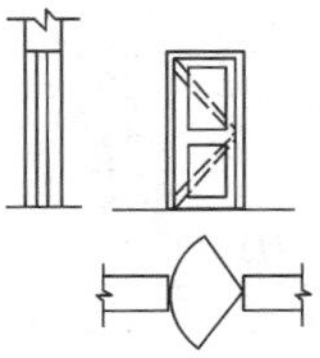	（1）门的名称代号用 M （2）图例中剖面图左为外、右为内，平面图下为外、上为内 （3）立面图上开启方向线交角的一侧为安装合页的一侧，实线为外开，虚线为内开 （4）平面图上门线应 90°或 45°开启，开启弧线宜绘出 （5）立面图上的开启线在一般设计图中可不表示，在详图及室内设计图上应表示 （6）立面形式应按实际情况绘制
12	单扇门（包括平开或单面弹簧）		
13	双扇门（包括平开或单面弹簧）	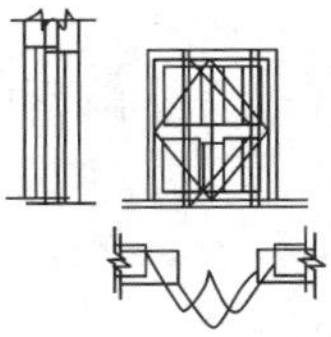	同 9～12
14	墙外双扇推拉门	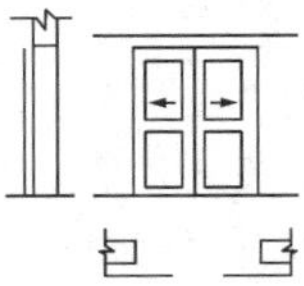	（1）门的名称代号用 M （2）图例中剖面图左为外、右为内，平面图下为外、上为内 （3）立面形式应按实际情况绘制
15	墙中单扇推拉门	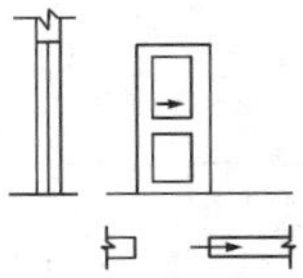	

序号	名　称	图　例	说　明
16	转门	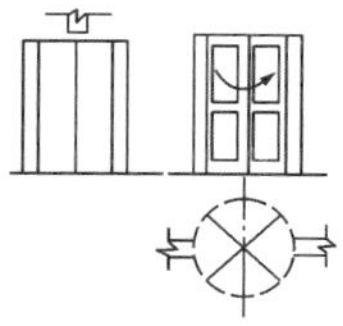	（1）门的名称代号用 M （2）图例中剖面图左为外，右为内，平面图下为外、上为内 （3）平面图上门线应 90°或 45°开启，开启弧线宜绘出 （4）立面图上的开启线在一般设计图中可不表示，在详图及室内设计图上应表示 （5）立面形式应按实际情况绘制
17	自动门	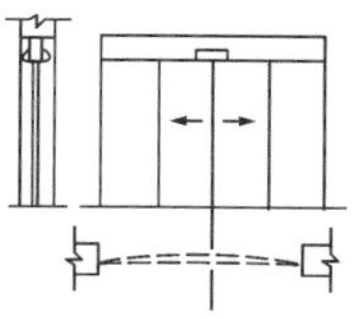	（1）门的名称代号用 M （2）图例中剖面图左为外、右为内，平面图下为外、上为内 （3）立面形式应按实际情况绘制
18	竖向卷帘门	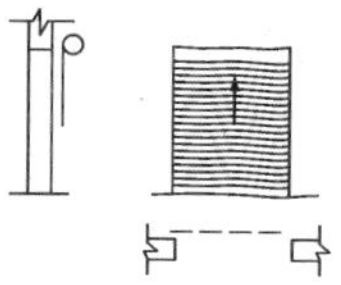	（1）门的名称代号用 M （2）图例中剖面图左为外、右为内，平面图下为外、上为内 （3）立面形式应按实际情况绘制
19	提升门		
20	单层固定窗	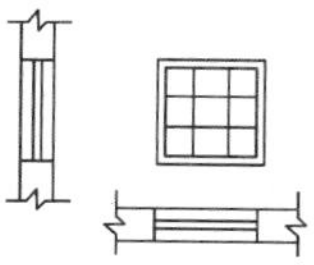	（1）窗的名称代号用 C 表示 （2）立面图中的斜线表示窗的开启方向，实线为外开，虚线为内开；开启方向线交角的一侧为安装合页的一侧，一般设计图中可不表示 （3）图例中剖面图左为外，右为内，平面图下为外、上为内 （4）平面图和剖面图上的虚线仅说明开关方式，在设计图中不需要表示 （5）窗的立面形式 （6）小比例绘图时平、剖面的窗线可用单粗实线表示
21	单层外开上悬窗		

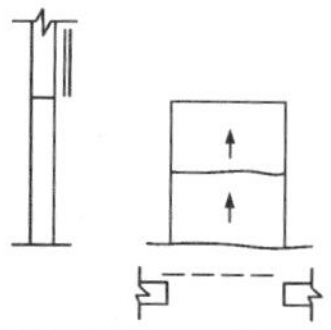

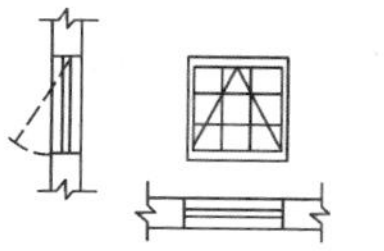

续表

序号	名 称	图 例	说 明
22	单层中悬窗	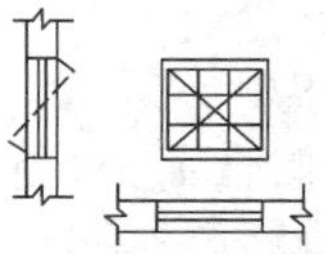	（1）窗的名称代号用 C 表示 （2）立面图中的斜线表示窗的开启方向,实线为外开,虚线为内开;开启方向线交角的一侧为安装合页的一侧,一般设计图中可不表示 （3）图例中剖面图左为外,右为内,平面图下为外、上为内 （4）平面图和剖面图上的虚线仅说明开关方式,在设计图中不需要表示 （5）窗的立面形式应按实际绘制
23	单层内开下悬窗		
24	单层外开平开窗		
25	百叶窗	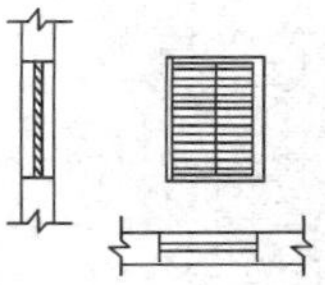	（1）窗的名称代号用 C 表示 （2）立面图中的斜线表示窗的开启方向,实线为外开,虚线为内开;开启方向线交角的一侧为安装合页的一侧,一般设计图中可不表示 （3）图例中剖面图左为外、右为内,平面图下为外、上为内 （4）平面图和剖面图上的虚线仅说明开关方式,在设计图中不需表示 （5）窗的立面形式应按实际绘制 （6）小比例绘图时平、剖面的窗线可用单粗实线表示

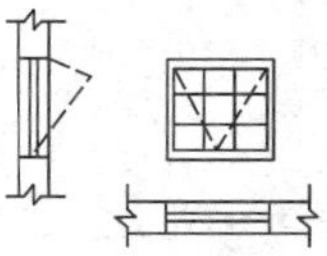

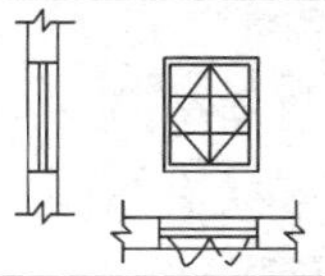

（3）从平面图的形状与总长总宽尺寸,可计算出建筑物的规模和用地面积。

建筑面积是建筑物外包尺寸的乘积（即长×宽）;使用面积是指房屋户内实际能使用的面积。

（4）从图中墙的分隔情况和房间的名称,可了解到房屋内部各房间的配置、用途、数量及其相互间的联系情况。

（5）从图中定位轴线的编号及其间距尺寸,可了解到各承重墙（或柱）的位置及房间大小,以便于施工时定位放线和查阅图纸。

（6）了解建筑平面图上的各部分尺寸,平面图中的尺寸分为外部尺寸和内部尺寸。从各道尺寸的标注,可知各房间的开间、进深、门窗及室内设备的大小位置。

一般在建筑平面图上的尺寸（详图除外）均为未装修的结构表面尺寸,如门窗洞口尺寸等。

① 外部尺寸,一般在图下方及左侧注写下列三道尺寸。

第一道尺寸是外包总尺寸,它表明建筑物的总长度和总宽度。

第二道尺寸是轴线间的尺寸,用以说明房间的开间及进深的尺寸。开间（柱距）是两条横向定位轴线之间的距离;进深是两条纵向定位轴线之间的距离。

第三道尺寸是门窗洞口、窗间墙及柱等的细部尺寸。

除此之外对室外的台阶、散水坡等处可另标注局部外尺寸。

② 内部尺寸,包括建筑室内房间的净尺寸和门窗洞口、墙、柱垛的尺寸,固定设备的尺寸以及墙、柱与轴线的平面位置尺寸关系等。

(7) 了解建筑中各组成部分的标高情况。在平面图中,对于建筑物各组成部分,如楼地面、夹层、楼梯平台面、室外地面、室外台阶、卫生间地面和阳台面处,由于它们的竖向高度不同,一般都分别注明标高。平面图中的标高表明的是相对于标高零点的相对高度。如底层室内地面标高为±0.000,室外地面标高为−0.600,比室内地面低 0.60 m。

(8) 了解门窗的位置及编号。

门窗在建筑平面图中,只能反映出它们的位置、数量和宽度尺寸,而它们的高度尺寸,窗的开启形式和构造等情况是无法表达的,因此在图中采用专门的代号标注。门的代号是 M,窗的代号是 C,在代号后面写上编号,如 M-1、M-2 和 C-1、C-2 等。同一编号表示同一类型的门或窗,它们的构造尺寸和材料都一样,从所写的编号可知门窗共有多少种。一般每个工程的门窗规格、型号、数量以及所选标准图集的编号等内容,都有门窗表说明。

(9) 在底层平面图上看剖面的剖切符号,了解剖切部位及编号,以便与有关剖面图对照阅读。底层平面图中还表示出室外台阶、花池、散水和雨水管的大小和位置。

(10) 了解楼梯的位置、起步方向、梯宽、平台宽、栏杆位置、踏步级数、上下行方向等。

(11) 了解其他细部(如各种卫生设备等)的配置和位置情况。

四、屋顶平面图

屋顶平面图就是屋顶外形的水平投影图。在屋顶平面图中,一般表明屋顶形状、屋顶水箱、楼梯间、电梯机房、天窗及挡风板、屋面上人孔、检修梯、室外消防楼梯、屋面排水方向(用箭头表示)及坡度、天沟或檐沟的位置、女儿墙和屋脊线(分水线)、变形缝、烟囱、通风道、雨水管、避雷针及其他构筑物的位置等。

五、建筑平面图的阅读

通过阅读图 7-16 所示的底层平面图,阐述建筑平面图的内容和图示方法,同时说明阅读建筑平面图的方法和步骤。

1.图名、比例、朝向

图名是底层平面图,说明这个平面图是在这幢住宅的底层窗台上、底层通向二层的楼梯平台之下处水平剖切后,按俯视方向投射所得的水平剖面图,反映出这幢住宅层的平面布置和房间大小。

比例采用1∶100,这是根据房屋的大小和复杂程度确定的。

在底层平面图上应画出指北针,所指方向应与总平面图中风玫瑰的指北针方向一致。指北针宜用细实线绘制,圆的直径为 24 mm,指北针尾宽为 3 mm;在指针尖端处,国内工程注"北"字,涉外工程注"N"字,由指北针可以看出这幢住宅和各个房间的朝向。

当比例用 1∶100～1∶200 时,建筑平面图中的墙、柱断面通常不画建筑材料图例,而按《建筑制图标准》的规定,画简化的材料图例(砖墙涂红,钢筋混凝土涂黑),且不画抹灰层;比例大于 1∶50 的平面图,应画出抹灰层的面层线,并画出材料图例,比例等于 1∶50 的平面图,抹灰层的面层线应根据需要而定;比例小于 1∶50 的平面图,可以不画抹灰层,但宜画出楼地面、屋面的面层线。门窗应按表表 7-3 的规定,画出门窗图例,并注明它们的代号和型号。门、窗的代号分别为 M、C,钢门、钢窗的代号为 GM、GC,代号后面的阿拉伯数字是它们的型号。墙和门窗将每层房屋分隔成若干房间,每个房间都要注名称,如这幢住宅底层分东、西两户,每户各有三个卧室、一个过厅、一个厨房和一个卫生间。

2. 其他构配件和固定设施的图例或轮廓形状

除墙、柱、门和窗外,在建筑平面图中,还应画出其他构配件和固定设施的图例或轮廓形状。如在这幢住宅底层平面图中,楼梯间画出了底层楼梯的图例和两级踏步的轮廓形状;每户在过厅的大门(M43)旁边,都有一个壁橱,过厅与厨房、卫生间之间用玻璃隔墙分隔;每户的厨房和卫生间内,都画出了一些固定设施和卫生器具的图例或轮廓形状。另外,在底层平面图中还画出室外的一些构配件和固定设施的图例或轮廓形状,如房屋四周的明沟散水和雨水管的位置;北面的门洞外,有台阶和平台,可分别进入东、西住户;东侧和西侧东南角和西南角,还都有分别进入底层东、西住户的台阶和平台,在东南角和西南角隅处,各有一个花坛。

3. 必要的尺寸,地面、平台的标高,室内的标高,室内踏步以及楼梯的上下方向和级数

必要的尺寸包括:房屋总长、总宽,各房间的开间、进深,门窗洞的宽度和位置,墙厚以及其他一些主要构配件——固定设施的定形和定位尺寸等。

从图 7-16 可以看出,在建筑平面图中,外墙注有三道尺寸。最靠近图形的一道,是表示外墙的细部尺寸,如门窗洞口、墙垛的宽度及其定位尺寸等。第二道标注轴线间的尺寸,也就是表示房间的开间或进深的尺寸。最外的一道尺寸,表示这幢住宅两端外墙面之间的总尺寸。从图中可以看出这些进深的尺寸,例如:东面一户的最大卧室的钢窗 GC282 的窗洞宽度为 1500 mm,窗洞侧壁位置在离④、⑤轴线各 900 mm 处;而这间卧室的开间就是④、⑤轴线的间距 3300 mm,进深是Ⓐ和Ⓒ轴线的间距 5100 mm(600 mm＋4500 mm);这幢住宅的总长和总宽尺寸分别为 15540 mm 和 11340 mm。此外,还注有某些局部尺寸,例如:内、外墙面的定位尺寸,房间的净宽和净深尺寸,内墙上门窗洞的定位尺寸和宽度尺寸以及其他的部分构配件及固定设施的定形尺寸和定位尺寸(如图中的踏步、平台、花坛和楼梯的起步线等)。

在底层平面图中还应标出地面的相对标高,在地面有起伏处,应画出分界线。在这里需要提及的是:在建筑平面图中,宜标注室内外地面、楼地面、阳台、平台等处的完成面标高,即包括面层(粉刷层厚度)在内的建筑标高。

在图 7-16 中可以看出:在楼梯间东侧,向北下两级踏步,出门洞,可通室外,室外还有两级踏步;在西侧向北上楼梯 18 级,可达二层楼。由于底层平面图的水平剖切平面是在底层至二层的楼梯平台的下方,所以底层楼梯的图例只画上第一梯段在剖切平面以下的一段,一般用与面倾斜 30° 的折断线断开。

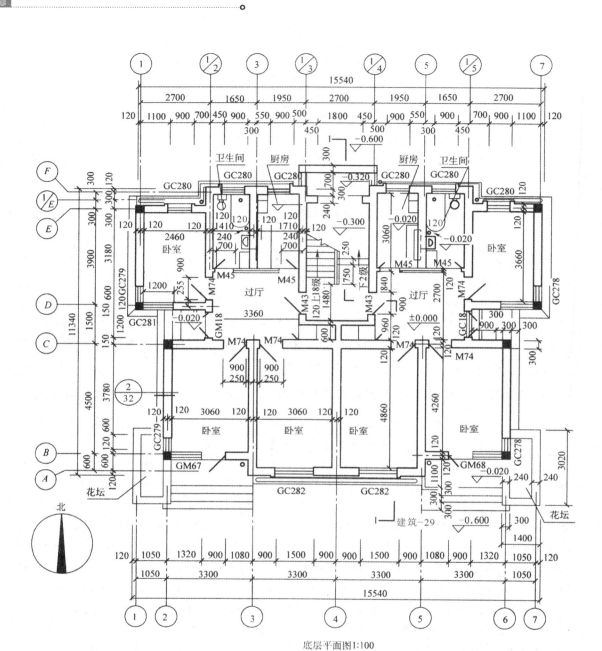

底层平面图1:100

图 7-16 底层平面图

4. 有关的符号（如指北针、剖切符号、索引符号等）

在底层平面图中,除了判断指北针外,还必须了解剖面图的剖切符号及部位的索引符号。

剖切符号及其编号,仍应遵照规定画出,平面图上的剖切符号的剖视方向通常宜向左或向上,若剖面图与被剖切图样不在同一张图纸内,可在剖切位置线的另一侧注明其所在的图纸号,也可在图纸上集中说明。如在图 7-16 中,剖切平面选用转折一次的侧平面,剖切位置选在通过楼梯间门洞和两级踏步处,转折后再通过东面住户卧室的门和窗剖视方向向左。在剖切位置线的右侧,注明了1—1剖面图所在的图纸号——建施-29。

对图中需要另画详图表达的局部构造或构件,则应在图中的相应部位以索引符号索引。索引符号用来索引详图,而索引出的详图,应画出详图符号来表示详图的位置和编号,并用索引符号和详图符号相互之间的对应关系,建立详图与索引的图样之间的联系,以便相互对照查阅。

从住宅北面的室外地面标高-0.600 mm处,踏上两级台阶,到门洞外标高为-0.320 m的平台,进门洞后地面的标高是-0.300 m,靠东侧继续向南,上两级踏步,至标高±0.000 m的地面,就可看见东、西两户的大门M43。这时,若靠西侧转身向北,上楼梯经18个梯级,可到达二楼楼面。若不上楼,可任意进入一户。由于东、西两户彼此对称,所以由一户的布局与交通联系,也就知道另一户的情况。通过M43进入东面的一户,首先是一个过厅,在过厅内的门M43旁边有一个壁橱。由过厅向南,分别有大、小两间朝南卧室,大间的开间是3300 mm,进深是5100 mm,室内南墙正中,有宽度为1500 mm的钢窗GC282。小间的开间也是3300 mm,进深则是4500 mm,南墙面上,有一个组合钢门窗GM68(也称带耳窗的门);在东墙的墙角上有钢筋混凝土柱;在东墙的角柱旁,还有宽度为600 mm的钢窗GC278(宽度尺寸600 mm,实际上是从西面一户所标注的尺寸看出的,因为东、西两户对称,因而读图时应互相对照阅读,互相补充)。出钢门GM68,是标高为-0.020 m平台。平台西侧有一根从二楼阳台引下的雨水管。由平台下四级台阶,至标高为-0.600 m的室外地面。平台东侧有明沟,较小卧室的东墙外侧有散水。由过厅出双扇钢门GM18,是标高为-0.020 m的平台,由平台下四级台阶,至标高为-0.600 m的室外地坪。

由过厅北侧向东,进入门M74,为开间2700 mm、进深3900 mm的小卧室,在这个小卧室的东南角,有断面为240 mm×240 mm的钢筋混凝角柱,宽度为1200 mm的南窗GC281和宽度为600 mm的东窗GC278组成东南角窗,在北墙面上有钢窗GC280,在这个小卧室西北角的北墙外,有从屋面引下的雨水管。从过厅向北,分别进入门M45,东侧的为开间1650 mm的卫生间,西侧的为开间1950 mm的厨房。它们的进深都是3060 mm,北墙上各有一扇宽度为900 mm的钢窗GC280,图中已标注出门窗洞的定位尺寸。在卫生间内,还画出了卫生器具图例(有关图例可查阅《建筑给水排水制图标准》GB/T 50106-2010)和圆形地漏的外形轮廓,地漏旁边的箭头表示在地漏附近的地面粉光时,注意应有向地漏方向的坡度。在厨房内也画出了固定设施的外形轮廓,这些器具与设施的定形尺寸和定位尺寸在图中没有标注出来,故大比例画出的局部平面图或详图,外购安装的成品,不必画详图,在局部平面图中也不必标注定形尺寸,只需标注定位尺寸。厨房与卫生间北墙外侧有明沟,西北角有从伸出的楼梯平台小屋面引下的雨水管。此外,从底层平面图中还可看出:在ⓒ轴线与②、⑥轴线相交处的墙角以及ⓔ轴线与①、⑦轴线相交处的墙角都分别有一根钢筋混凝土柱,这是为了抗震而增加的构造柱。

在图7-16所示的底层平面图中,虽然表示出了这幢住宅底层和各种门窗的型号和数量,但为了制作或采购、安装方便起见,通常将各层平面的各种门窗型号、数量、门窗洞尺寸等,综合在一起,列出门窗表,附在建筑施工图中。这幢教工住宅的门窗表如表7-4所示。一般中小型民用房屋的门窗,常从标准图中选用,并向门窗加工厂订购后,运到工地来安装。

表 7-4　某校教工住宅的门窗表

型　号		洞口尺寸(宽×高)/mm	各 层 数 量				合计	备　　注
			底层	二层	三层	四层		
钢窗	GC82	1 500×1 800	2	2	2	2	8	钢门、钢窗按上海钢窗厂 GC1 图集选用
	GC281	1 200×1 800	2	4	4	4	14	
	GC280	900×1 800	6	6	6	6	24	
	GC279	600×1 800	2	2	2	2	8	
	GC278	600×1 800	2	2	2	2	8	
	P6121	600×1 800					1	
	P6122	600×1 800					1	
	GC11	1 200×600					4	
钢门	GM68	2 100×2 700	1	1	1	1	4	
	GM67	2 100×2 700	1	1	1	1	4	
	GM18	1 200×2 700	2				2	
木门	M74	900×2 400	6	6	6	6	24	木门按沪 J/T 602—1997 图集选用
	M45	700×2 100	4	4	4	4	16	
	M43	900×2 100	2	2	2	2	8	

六、绘制建筑平面图的步骤

以图 7-16 底层平面图为例,说明平面图的绘图步骤。

1. 选定比例和图幅

首先根据房屋的复杂程度和大小选定比例,然后根据房屋的大小以及选定的比例,估计注写尺寸、符号和有关说明所需的位置,最后按项目 1 的表 1-1 选用标准图幅。

2. 画图稿

画建筑平面图图稿的步骤如下。

(1) 画图框和标题栏,均匀布置图面,然后如图 7-17(a)所示,画出定位轴线。

(2) 如图 7-17(b)所示,画出全部墙、柱断面和门窗洞,同时补全未定轴线的次要的非承重墙,例如过厅与厨房、卫生间之间的玻璃墙等。

(3) 如图 7-17(c)所示,画出所有建筑构配件、卫生器具的图例或外形轮廓。

(4) 如图 7-17(c)所示,标注尺寸和符号。外墙一般应标注三道尺寸;内墙应该标注出墙、柱与定位轴线的相对位置和它们的定形尺寸;门窗洞标注出宽度尺寸;视需要再适当标注其他的一些构配件、器具、设施的定形尺寸,如楼梯、踏步、壁橱、平台和台阶、花坛等,在图中未标注或未标注全的尺寸,也可在其他有关图样中标明。标出室内外地面的标高,包括室外地面、各个房间的地面、过道地面、平台面等的标高。当地面标高相同时,则同一片地面可只标注一处标高。由于这幢住宅东西两户布局彼此对称,因而在一户中已标注的,在另一户中就可以不再重复标注。画出有关的符号,如底层平面图中的指北针、剖切符号、详图索引符号定位轴线编号,以及表示楼梯和踏步上下向的箭头和表示地漏附近坡度方向的箭头等。

(5)安排好文字的位置。在图稿上安排好注写尺寸、编号、门窗型号、文字说明、图名、比例、有关的指引线、标题栏中的文字等的位置。

3. 图线要求

(1)建筑平面图中被剖切的主要建筑构造(包括构配件)的轮廓线,用线宽为 b 的粗实线,如图 7-16 中的墙的断面轮廓线。

(2)被剖切的次要建筑构造(包括构配件)的轮廓线,用线宽为 $0.5b$ 的中实线,如过厅与厨房、卫生间之间的玻璃隔墙,门的图例中的 $45°$门扇线等。建筑构件的可见轮廓线,如楼梯、踏步、地面高低变化的分界线、台阶、花坛、明沟散水以及厨房中的设施、卫生间内的卫生器具等图例的外轮廓线,也用线宽为 $0.5b$ 的中实线绘制。

(3)固定设施与卫生器具外轮廓线内的图线等,用线宽为 $0.25b$ 的细实线绘制。

(4)建筑构造及配件的不可见轮廓线,用线宽为 $0.5b$ 的中虚线绘制,次要的不可见轮廓线用线宽为 $0.25b$ 的细虚线绘制。

补充说明:《建筑制图标准》规定,在建筑平面图中,如需表示高窗、通气孔槽、地沟及起重机等不可见部分,则应以虚线绘制,因此,建筑平面图不仅包括剖切面以下的不可见部分,也包括剖切面以上的部分构配件,例如在这幢住宅的图中,就用虚线画出了在剖切平面以上位于屋面上的水箱和屋面检修孔。

其他各种图线仍应符合前面所述的各项规定,剖切符号、图名下的横线以线宽为 b 的粗实线绘制;尺寸起止符号用线宽为 $0.5b$ 的中实线绘制;定位轴线用线宽为 $0.25b$ 的细点画线绘制;尺寸线、尺寸界线、索引符号、定位轴线的编号圆、引出线、标高符号等,都用线宽为 $0.25b$ 的细实线绘制。

七、其他建筑平面图

前面比较详细地介绍了底层平面图的有关内容,这里仍以这幢教工住宅为例,扼要地补充楼层平面图、局部平面图和屋顶平面图的内容。

1. 楼层平面图

图 7-18、图 7-19 和图 7-20,分别是这幢教工住宅的二层、三层和四层平面图。

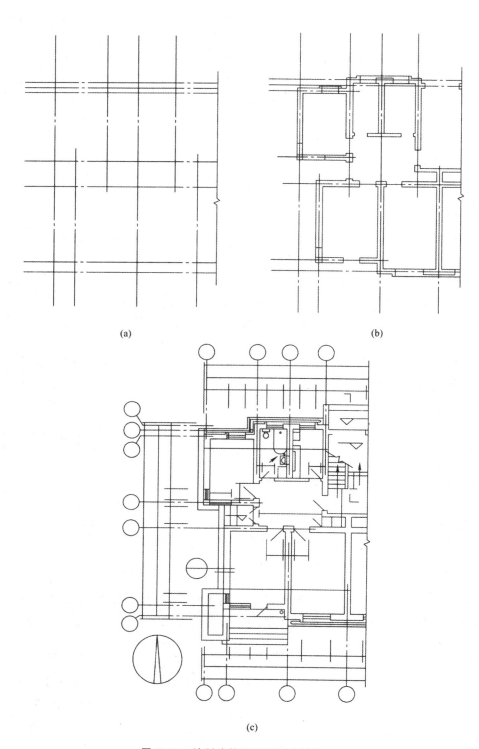

(a)

(b)

(c)

图 7-17　绘制建筑平面图图稿的步骤

（a）画定位轴线；（b）画墙、柱断面和门窗洞；（c）画构配件和细部，画符号和标注尺寸、编号、说明

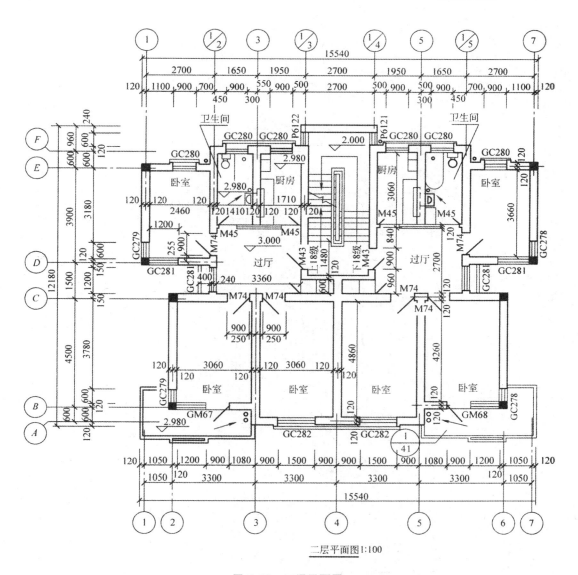

二层平面图1:100

图 7-18　二层平面图

　　楼层平面图的表达内容和要求,基本上与底层平面图相同。在楼层平面图中,不必画出底层平面图中已显示的指北针、剖切符号以及室外地面上的构配件和设施;但各楼层平面图除了应画出本层室内的各项内容外,还应画出位于绘制本层平面图时所假想采用的水平剖切面以下,且在下一层平面图中未表达的室外构配件和设施,如在二、三、四层平面图中应画出本层的室外阳台、下一层窗顶的可见遮阳板、本层过厅窗外的花台等。此外,楼层平面图除开间、进深等主要尺寸以及定位轴线间的尺寸要注明外,与底层相同的次要尺寸,则可以省略。

　　在绘制楼层平面图中,楼梯间中各层楼梯宜参照楼梯图例,按实际情况绘制。对常见的双跑楼梯(即一个楼层至相邻楼层的楼梯由两个梯段和一个中间平台所组成)而言,除顶层楼梯的围护栏杆、扶手、两段下行梯段和一个中间平台应全部画出外,其他各楼层则分别画出上行梯段

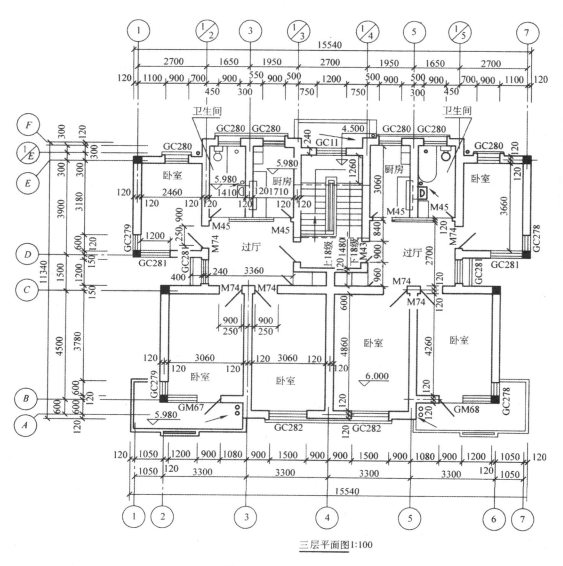

三层平面图1:100

图 7-19   三层平面图

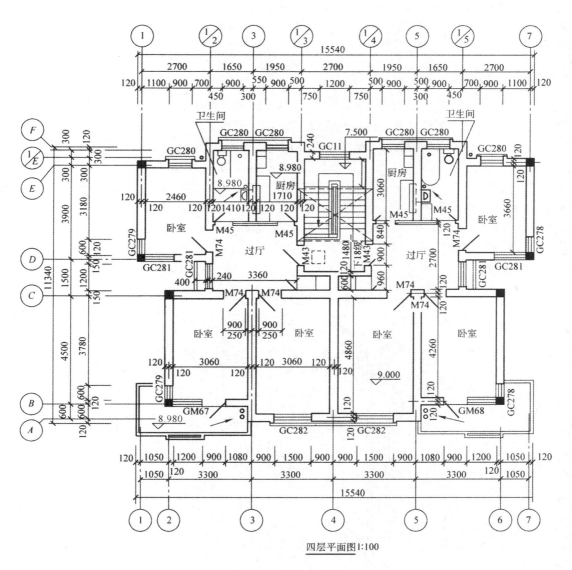

图 7-20 四层平面图

的几级踏步,下行梯段的一整段、中间平台及下行梯段的几级踏步。上行梯段与下行梯段的折断处,共用一条倾斜的折断线。对于住宅中相同的建筑构造或配件,详图索引可仅在一处画出,其余各处都省略不画,如这幢住宅中的二、三、四层阳台共用一个详图,索引符号只在二层平面图的东南角阳台中画出。

2. 局部平面图

图 7-21 所示的是卫生间和厨房的局部平面图。在比例为 1 : 100 的建筑平面图中,由于图形太小只能画出固定设施和卫生器具的外形轮廓或图例,不能标注它们的定形尺寸和定位尺寸,而图 7-21 用 1 : 50 的比例画出,就应标注出一些主要设施和卫生器具的定形尺寸和定位尺

寸,以便于按图施工安装。对部分设施或卫生器具在图 7-21 中未能注出的尺寸,便应将其标注在与之相应的详图中。洗脸池、浴盆、坐式大便器,通常是按一定规格或型号订购成品后,再按有关规定或说明安装,因而不必注全尺寸。

3. 屋顶平面图

图 7-22 所示的屋顶平面图,是用 1:100 的比例画出的俯视屋顶的平面图。由于屋顶平面图比较简单,所以通常可用更小一些的比例绘制。对照图 7-1 的轴测示意图中的屋顶情况可以看出,在这个屋顶平面图中,画出了有关的定位轴线、屋顶的形状、女儿墙、分水线、隔热层、屋顶水箱和屋面检修孔的大小与位置、屋面的排水方向及坡度、天沟及其雨水口的位置等,此外,还把在图 7-20 所示的四层平面图中未能表明的顶层阳台的雨棚和顶层窗上的遮阳板等,画在屋顶平面图中。至于屋面的构造及具体做法,将在后面讲述建筑剖面图、檐口节点详图和屋面结构平面图时,再作进一步的介绍;而屋面的坡度,不仅可以用图中的百分数来表示,也常用"泛水"和坡面的高差值来表示,例如"泛水 110"表示两端的高差为 110 mm 的坡面所形成的坡度。

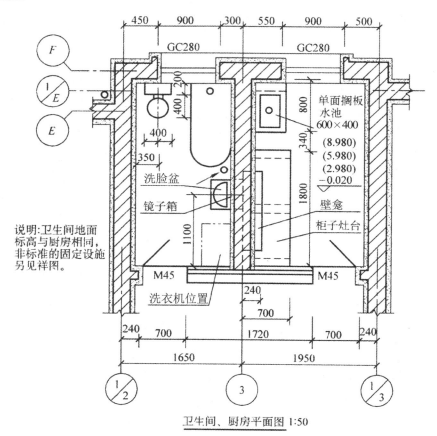

图 7-21 卫生间和厨房的局部平面图

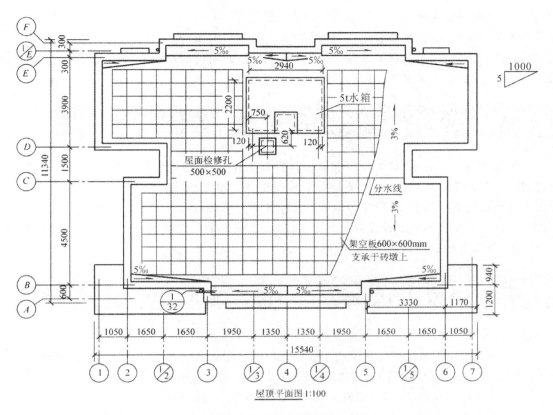

图 7-22　屋顶平面图

任务 6　建筑立面图

一、建筑立面图的产生

　　建筑立面图是平行于建筑物各方向外表立面的正投影图,简称立面图。

　　立面图的数量是根据建筑物各立面的形状和墙面的装修的要求决定的。当建筑物各立面造型及墙面装修不一样时,就需要画出所有立面图。如果通过平面图、主要立面图和墙身剖面详图就可以表明次要立面的形状,则该立面图也可省略不画。当建筑物左右对称时,立面图可画一半,并在对称轴线处画对称符号。平面形状曲折的建筑物,可绘制展开立面图,圆形或多边形平面的建筑物,可分段展开绘制立面图,但均应在图名后加注"展开"两字。

　　由于立面图的比例较小,门窗扇、檐口构造、阳台栏杆和墙面复杂的装修等细部,往往只用图例表示,其构造和做法,都另有详图或文字说明。因此,对这些细部习惯上只分别画一两个作为代表,其他的只画轮廓线。为加强图面效果,立面图常采用不同的线型来画。如屋脊和外墙等最外轮廓线用粗实线;勒脚、窗台、门窗洞、檐口、阳台、雨棚、柱、台阶和花台等轮廓线用中粗实线;门窗扇、栏杆、雨水管和墙面分格线等均用细实线;地坪线用特粗实线。这样可使立面图的外形清晰,重点突出和层次分明。

二、建筑立面图的作用

一座建筑物是否美观,很大程度上取决于它在主要立面上的艺术处理,包括造型与装修是否优美。在设计阶段中,立面图主要是用来研究这种艺术处理的。在施工图中,建筑立面图主要用来表达房屋的外部造型、门窗位置及形式、墙面装修、阳台、雨棚等部分的材料和做法。立面图是设计工程师表达立面设计效果的重要图纸,在施工中是外墙面造型、外墙面装修、工程量清单计算、备料等的依据。

三、建筑立面图的图示内容和识读要点

(1)图名和比例,建筑立面图的图名一般有三种命名方式。

① 按立面的主次来命名。把反映主要出入口或比较显著地反映出建筑物外貌特征的那一面的立面图称为正立面图,其余的立面图相应地称为背立面图和侧立面图。

② 按建筑物的朝向来命名,如南立面图、北立面图、东立面图和西立面图,如图 7-23 所示。

③ 按轴线编号来命名,如图中①～⑪立面,如图 7-24 所示。

建筑立面图的比例与平面图要一致,以便对照阅读。常用比例为 1∶50、1∶100、1∶200。

(2)在建筑立面图中只画出两端的轴线并标注出其编号,编号应与建筑平面图中对应该立面两端的轴线编号一致,以便与建筑平面图对照阅读,从中确认立面的方位。

(3)从图上可看出该建筑物的整个外貌形状,也可了解该建筑物的屋面、门窗、雨棚、阳台、雨水管、台阶、花台及勒脚等细部的形式和位置。

(4)了解建筑物外部装饰如外墙面、阳台、雨棚、勒脚和引条线等的面层用料,色彩和装修做法,在建筑立面图中常用引出线作文字说明。

(5)了解建筑物外墙面上的门窗位置、高度尺寸、数量及立面形式等情况,有的图中还直接在门窗处画出开启方向和注上它们的编号。如立面图中部分窗画有斜的细线,是窗开启方向的符号,细实线表示向外开,细虚线表示向内开。因为门的开启方式和方向已用图例表明在平面图中,所以除了门联窗外,一般在立面图中可不表示门窗的开启方向。由于比例较小,立面图上的门窗等构件也用图例表示。相同类型的门窗只需要画出一两个完整图形,其余的只需要画出单线图形。相同的门窗、阳台、外檐装修、构造做法等可在局部重点表示,绘出其完整图形,其余部分可只画轮廓线。如立面图中不能表达清楚,则可另用详图表达。这部分内容可与建筑平面图及门窗表相对应。

(6)尺寸标注及文字说明。

① 竖直方向尺寸。

在竖直方向标注室内外地面高差、防潮层位置、窗下墙高度、门窗洞口高度、洞口顶面到上

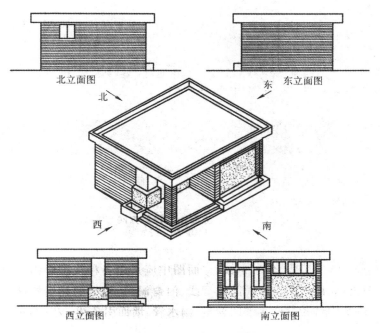

图 7-23　建筑立面图的形成

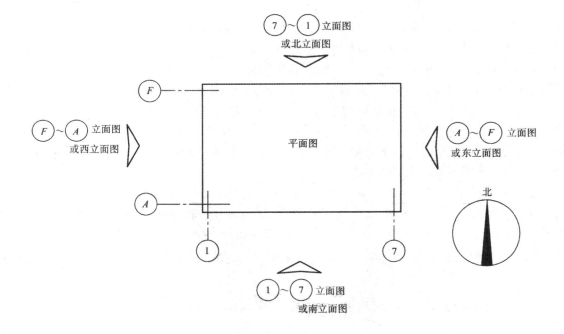

图 7-24　建筑立面图的投射方向与名称

一层楼面的高度、上下相邻两层楼地面之间的距离。

　　② 水平方向尺寸。

　　立面图水平方向一般不标注尺寸,但需要标注出立面图最外两端墙的轴线及编号。

③ 其他标注。

立面图上可在适当位置用文字标出其装修，也可以在建筑设计总说明中列出外墙面的装修。

标高。标注房屋主要部位的相对标高，如室外地坪、室内地面、檐口、女儿墙压顶等。

说明。索引符号及必要的文字说明。

四、建筑立面图的阅读

现以图 7-25 所示教工住宅的①～⑦立面图为例，阐述建筑立面图的内容和图示方法，同时也说明阅读建筑立面图的方法和步骤。

1. 图名和比例

对照这幢房屋的底层平面图(见图 7-16)的轴线①～⑦的位置，就可看出①～⑦立面图所表达的是朝南的立面(南立面图)，即将这幢住宅由南向北投射所得的正投影。

建筑立面图的比例，按房屋的大小和复杂程度选定，通常采用与建筑平面图相同的比例，所以这里也采用 1∶100。

2. 房屋在室外地坪线以上的全貌，门窗和其他构配件的形式、位置以及门窗的开启方向

从图中可以看出，外轮廓线所包围的范围显示出这幢住宅的总长和总高。屋顶用女儿墙包檐形式；共四层，每层左右两半的布局相同，彼此对称；按实际情况画出了门窗洞的可见轮廓和门窗形式；在每层居中的两个房间的立面上，连通的窗台和窗顶上连通的遮阳板，于两侧连在一起，做成窗套；各类门窗至少有一处画出它们的开启方向线（表示开关方向的斜线）；在底层的东、西两侧都有台阶和平台，在台阶和平台的外侧，有一个花坛，在平台和花坛的上方，二、三、四层都有阳台，在每个阳台栏板上，都附设一个小花台，在四层的阳台之上，还有雨棚；中间墙面的墙脚处有勒脚，两侧平台上的墙脚处有踢脚板；墙面上还反映出雨水管、水斗和雨水口的位置；此外，还画出了屋顶上面水箱的形状和位置。

这里补充说明：《建筑制图标准》规定，在建筑物的立面图上，相同的门窗、阳台、外檐装修、构造做法等可在局部重点表示，绘出其完整图形，其余部分只画轮廓。例如，在图 7-25 中的门窗开启方向线只在局部重点表示，其余都省略不画；在图 7-25 中全部画出了阳台和门窗的形式，但按上述规定，阳台可以重点表示一两个，其余的只画轮廓线，门窗也可按各种类型重点表示一部分，其余只画门窗洞。

3. 外墙面、阳台、雨棚、勒脚和引条线等的面层用料、色彩和装修做法

外墙面以及一些构配件与设施等的装修做法，在建筑立面图中常用指引线作出文字说明。如图 7-25 中用文字说明了外墙面以及阳台栏板面的做法是掺 10% 黑石子的鹅黄石子干粘石墙面；两户朝南设有阳台的卧室窗套、各户阳台上的小花台、四层阳台、顶上的雨棚，都是用白马赛克贴面；作为立面装饰的引条线用白水泥浆勾缝；在外墙面的墙脚处有 600 mm 高的勒脚，用 1∶2 水泥砂浆粉面层；在中间凸出处的侧墙面上，分别有一根 $\phi 100$ 镀锌铁皮雨水管。从图中还可看出,四层的雨棚和每层阳台下都有一只水斗。

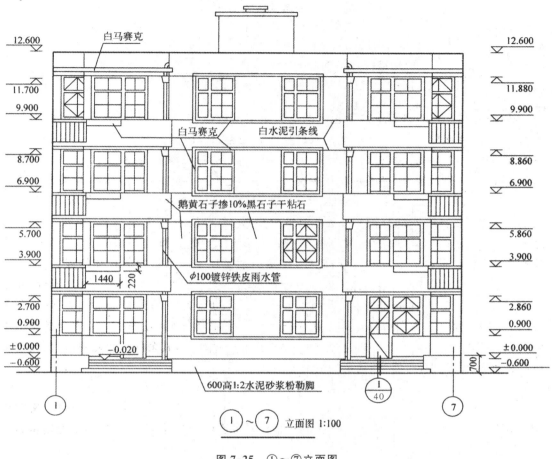

图 7-25　①～⑦立面图

4. 标高尺寸

建筑立面图宜标注室内地面楼面阳台、平台、檐口、门、窗等处的标高,也可标注相应的高度尺寸;如有需要,还可标注一些局部尺寸,如补充建筑构造、设施或构配件的定位尺寸和定形尺寸。在立面图中注写标高时,除门、窗洞口(不包括粉刷层)外,通常在标注构件的上顶面(如女儿墙顶面和栏杆顶面等)时,用建筑标高,即完成面标高;而在标注构件下底面(如阳台底面、雨棚底面等)时,则用结构标高,也就是注写不包括粉刷层的毛面标高。

为了标注得清晰、整齐和便于看图,常将各层相同构造的标高注写在一起,排列在同一铅垂线上。如在图 7-25 中,左侧注写了室内外地面、各层窗洞的底面和顶面、女儿墙顶面、水箱顶面的标高,右侧注写了室内外地面各层阳台底面和阳台栏杆扶手顶面、四层阳台雨棚底面、女儿墙顶面的标高;而底层室外平台面的标高,就注写在表示平台面的图线上。

在图 7-25 中,还标注出了底层平台旁的花坛的高度尺寸和阳台栏板上的小花台的长度和高度尺寸。

5. 索引符号

当在建筑立面图中需要索引出详图或剖视详图时,应加索引符号。如在图 7-25 所示的立面图中需索引出底层平面平台和台阶的剖视详图,是在建施-40(见图 7-40)上的编号为 1 的剖视详图。

图 7-26、图 7-27 分别是这幢住宅的⑦~①立面图、④~⑥立面图,也就是北立面图、东立面图。由于这幢住宅的东、西立面彼此对称,所以④~⑥立面图与⑥~④立面图表达的内容全都一样,因而可以省略不画⑥~④立面图。

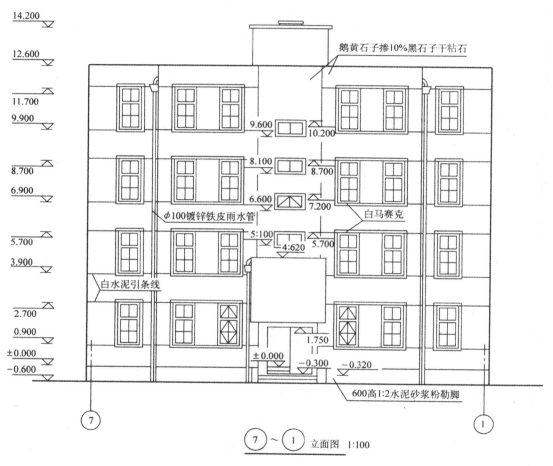

图 7-26 ⑦~①立面图

五、绘制建筑立面图的方法与步骤

绘制建筑立面图与绘制建筑平面图的步骤基本相同,本任务以图 7-28①~⑦立面图所示为例来进行介绍。

如图 7-28(a)所示,首先画出室外地坪线、两端外墙的定位轴线和墙顶线,这就确定了图面的布置;用细线画出室内地坪线、各层楼面线、两端定位轴线间的各定位轴线、两端外墙的墙面

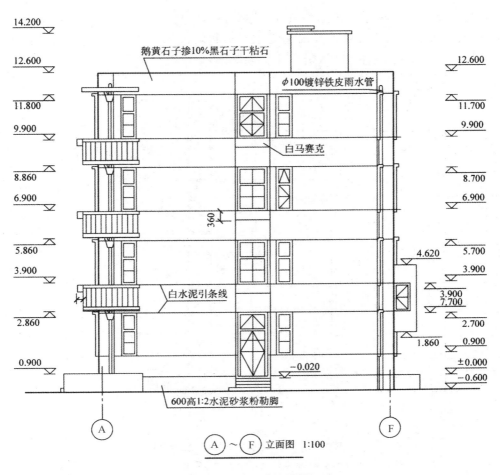

图 7-27　Ⓐ~Ⓕ立面图

线。然后,如图 7-28(b)所示,从楼面线、地坪线出发,量取高度方向的尺寸,从各定位轴线出发,量取长度方向的尺寸,画出凹凸墙面、门窗洞和其他较大的建筑构件的轮廓。最后,如图 7-28 (c)所示,画出各细部的底稿线,并画出标注尺寸、符号、编号及说明等,在注写标高尺寸时,标高符号宜尽量排列在一条铅垂线上,即将标高符号的直角顶点排在一条铅垂线上,标高数字的小数点也都按铅垂方向对齐,这样,不但便于看图,而且图面也清晰、美观。

绘制立面图的图线要求如下。

(1) 室外地坪线宜画成宽为 $1.4b$ 的加粗实线。

(2) 建筑立面图的外轮廓线应画成线宽为 b 的粗实线(在图 7-25 中,屋顶上水箱仅为房屋的一个附属设施,它伸出女儿墙的外轮廓线,不作为这幢房屋的外轮廓线,所以这幢房屋的立面图的外轮廓线,只画到女儿墙的顶边为止)。

(3) 在外轮廓线之内的凹进或凸出墙面的轮廓线以及门窗洞、雨棚、阳台、台阶与平台花坛、遮阳板、窗套等建筑设施或构配件的轮廓线(包括画成单线的阳台栏杆以及伸出女儿墙外轮廓线的水箱),都画成线宽为 $0.5b$ 的中实线。

(4) 一些较小的构配件和细部的轮廓线,表示立面上凹进或凸出的一些次要构造或装修线,如雨水管及其弯头和水斗，墙面上的引条线、勒脚等，都可用小于 0.5b 的图形线绘制。立面图中的图例线，如门窗扇按实际情况反映它们主要形状的图例线和开启线等，都可画成线宽为 0.25b 的细实线（门窗扇如向内开启，则开启线画细虚线）。

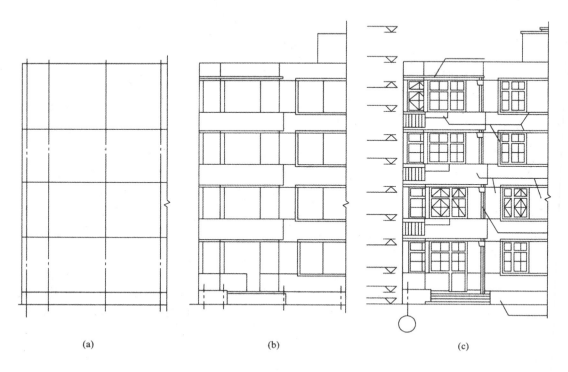

图 7-28　绘制建筑立面图图稿的步骤
（a）画室外地坪线、楼面线、定位轴线和房屋的外轮廓线；（b）画凹凸墙面、门窗洞和较大的建筑构造、构配件的轮廓；
（c）画细部，然后标注尺寸、符号、编号、说明

任务 7　建筑剖面图

一、建筑剖面图的形成

建筑剖面图是用一假想的垂直于外墙轴线的铅垂剖切平面将建筑物剖开，移去剖切平面与观察者之间的部分，作出剩下部分的正投影图，简称剖面图。

剖面图的数量是根据建筑物的实际情况和施工的需要而定的，剖面图有横剖面图（沿建筑物宽度方向剖切）和纵剖面图（沿建筑物长度方向剖切），一般只需作横剖面图。剖切面选择在能反映建筑物内部结构和构造比较复杂、有变化、有代表性的部位，并应通过门窗洞口的位置。

若为多层房屋应选择在楼梯间和主要入口处。如果用一个剖切面不能满足施工要求,则剖切线允许转折用阶梯剖面表达。剖切符号绘注在底层平面图中。

基础部分由结构施工图中的基础图来表达,所以建筑剖面图中一般不画室内外地面以下部分,室外地坪、楼地面等以下基础用折断线表示。在 1∶100 的剖面图中,室内外地面的层次和做法一般由剖面节点详图或施工说明来表达(常套用标准图或通用图),所以在剖面图中只画一条加粗线来表达室内外地面线,并标注各部分不同高度的标高。截面上的材料图例和图中的线型选择,均与平面图相同。剖切到的房间即墙身轮廓线、柱子、走廊、楼梯、楼梯平台、楼面层和屋顶层等画粗实线,在 1∶100 的剖面图中可只画两条粗实线作为结构层和面层的总厚度;在 1∶50 的剖面图中,则宜在两条粗实线的上面加画一条细实线以表示面层。板底的粉刷层厚度,在 1∶50 的剖面图中宜加绘细实线来表示粉刷层的厚度。其他可见的轮廓线如门窗洞、楼梯梯段及栏杆扶手、可见的女儿墙压顶、内外墙轮廓线、踢脚线、勒脚线等均画中粗实线。门、窗扇及其分隔线、水斗及雨水管、外墙分格线(包括引条线)、剖面图中的断面,其材料图例与粉刷面层线和楼、地面面层线等画细实线,尺寸线、尺寸界线和标高符号均画细实线。

二、建筑剖面图的作用

剖面图用于表示建筑物内部的楼层分层、垂直方向的高度、垂直空间的利用,沿高度方向分层情况、各层构造做法、层高及各部位的相互关系,门窗洞口高、层高及建筑总高等,以及简要的结构形式和构造方式等情况的图样,如屋顶形式、屋顶坡度、檐口形式、楼板搁置方式、楼梯的形式及其简要的结构、构造等,是与平面图、立面图相互配合的不可缺少的重要图样之一,也是施工、编制工程量清单及备料的重要依据。

三、建筑剖面图的图示内容和识读要点

(1)图名、比例。分析剖面图在平面图上的剖切位置。

建筑剖面图的图名必须与底层平面图中的剖切位置和轴线编号一致,如 1—1 剖面图、2—2 剖面图等。其比例应与平、立面图一致,通常为 1∶50、1∶100、1∶200 等。如用较大的比例(如 1∶50 等)画出时,剖面图中被剖切到的构件或配件的截面,一般都画上材料图例。

(2)看外墙(或柱)的定位轴线及其间距尺寸。

在剖面图中应画出两端墙或柱的定位轴线及其编号,以明确剖切位置及剖视方向,以便与平面图对照。

(3)看剖切到的室内外地面(包括台阶、明沟及散水等)、楼面层(包括天棚)、屋顶层(包括隔热通风防水层及天棚)、剖切到的内外墙及其门窗(包括过梁、圈梁、防潮层、女儿墙及压顶)、剖切到的各种承重梁和连系梁、楼梯梯段及楼梯平台、雨棚、阳台,以及剖切到的孔道、水箱等的位置、形状及其图例。

(4)房屋的楼地面、屋面等是用多层材料构成的,通常用引出线指着需说明的部位,并按其构造层次顺序列出材料等说明。这些内容也可以在详图中注明或在设计说明中说明。

(5)未剖切到的可见部分,如看到的墙面及其凹凸轮廓、梁、柱、阳台、雨棚、门、窗、踢脚、勒脚、台阶(包括平台踏步)、水斗和雨水管,以及看到的楼梯段(包括栏杆扶手)和各种装饰等的位

置和形状。

（6）了解建筑物的各部位的尺寸和标高情况。

层高为本层地面到上一层地面之间的高差；净高为本层地面到本层结构最低点的底标高。层高－结构层＝净高。

外墙的竖向尺寸一般也标注三道：第一道尺寸为门、窗洞及洞间墙的高度尺寸；第二道尺寸为层高尺寸；第三道尺寸为室外地面以上的总高尺寸。同时注出室内外地面的高差尺寸以及檐口至女儿墙压顶面等的尺寸。此外，还需注上某些局部尺寸，如内墙上的门、窗洞高度，窗台的高度，以及有些不另画详图的尺寸（包括栏杆、扶手的高度尺寸、如屋檐和雨棚等的挑出尺寸以及剖面图上两轴线间的尺寸等）。

建筑剖面图中的标高一般标注在室外地坪、各层楼地面、屋架或顶棚底、楼梯休息平台、外墙门窗口和雨棚以及建筑轮廓变化的部位。注意剖面图上的标高与立面图一样，有建筑标高和结构标高之分（各层楼面标高为建筑标高，各梁底标高为结构标高，但门窗洞的上顶面和下底面均为结构标高）。

（7）房屋倾斜的地方（如屋面、散水、排水沟与坡道等处）需标有坡度符号。

（8）剖面图尚不能表示清楚的地方，还注有详图索引，说明另有详图表示。

四、建筑剖面图的阅读

通过阅读图 7-29 所示的 1—1 剖面图，阐述建筑剖面图的内容和图示方法，同时也说明阅读建筑剖面图的方法和步骤。

1. 图名、比例和定位轴线

（1）图名是 1—1 剖面图。由图名就可在这幢住宅的底层平面图（见图 7-16）中查找编号为 1 的剖切符号，由剖切位置线可知：1—1 剖面图是用两个侧平面进行剖切所得到的，一个剖切面在楼梯间进门的两级台阶处剖切，对照这幢住宅的二、三、四层平面图（见图 7-18 至图 7-20）可看出，都是剖切在下一层到上一层楼面的第二上行梯段处，在东边住户的大门 M43 外转折成另一个侧立剖切面，通过东边住户的过厅与最大卧室的门和窗剖切。由剖视方向线可知是向左剖视，也就是向西剖视。由此就可按剖切位置和剖视方向，对照各层平面图和屋顶平面图来识读 1—1 剖面图。

（2）在图名旁，注写了所采用的比例是 1∶100。建筑剖面图的比例视房屋大小和复杂程度选定，一般选用与建筑平面图相同或较大一些的比例。

（3）在建筑剖面图中，通常应绘注出被剖切到的墙或柱的定位轴线及其间距尺寸，如图 7-29 所示。在绘图和读图时应注意：建筑剖面图中定位轴线的左右相对位置，应与按平面图中剖视方向投射相一致。绘注定位轴线后，便于与建筑平面图对照识读图纸。

2. 各剖切到的建筑构配件

在建筑剖面图中，应画出房屋室内外地面以上各部位被剖切到的建筑构配件，如室内外地面、楼面、屋顶、内外墙及其门窗、梁、楼梯与楼梯平台、雨棚、阳台等。按下面顺序识读图 7-29

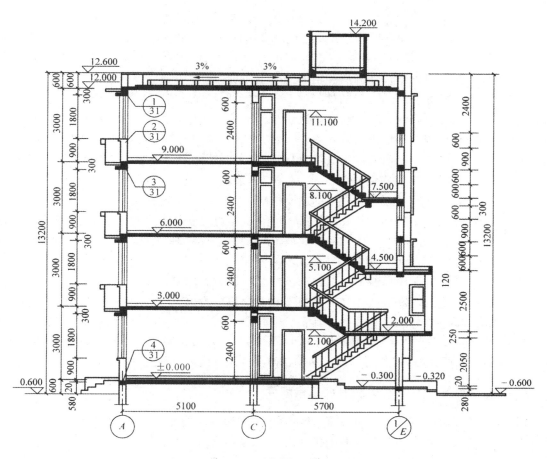

1—1剖面图 1:100

图 7-29   1—1 剖面图

所画出的被剖切到的这些建筑构配件。图中按《建筑制图标准》的规定：在比例小于 1：50 的剖面图中，可不画抹灰层，且可画简化的材料图例（如砖墙涂红、钢筋混凝土涂黑），但应画出楼地面、屋面的面层线。

（1）画出了室外地面的地坪线（包括台阶、平台、明沟等）、室内地面的架空板和面层线（包括两级踏步）。画出了二、三、四层楼面的楼板和面层。底层的架空板和各层楼板，都是现浇钢筋混凝土板，用涂黑表示（如果是预应力钢筋混凝土多孔板，在比例较小的剖面图中，被剖切到的多孔板，不论按纵向或横向铺设，常可用两条粗实线表示，它们之间的距离等于板厚），并根据板面层的装修厚度，用细实线画出面层线。

（2）画出了被剖切到的轴线为Ⓐ和Ⓔ的外墙、轴线为Ⓒ的内墙，以及在底层到二层的楼梯平台凸出处的外墙，也画出了在这些墙面上的门窗、窗套、过梁和圈梁等构配件的断面形状或图例以及外墙延伸出屋面的女儿墙。墙的断面只要画到地坪线以下适当的地方，画折断线断开就可以了，下面部分将由房屋的结构施工图的基础图表明。但在室内地面下浇筑在墙中的断面为240 mm×240 mm 的钢筋混凝土圈梁，仍应画出，并涂黑。

（3）画出了被剖切到的梯段（包括楼梯梁）及楼梯平台，实心的钢筋混凝土构件断面涂黑，图中还画出了平台面的面层线,省略了梯段上的面层线,也省略了楼梯间内、外的砖砌踏步的面层线。

(4)画出了被剖切到的屋顶,包括女儿墙及其钢筋混凝土的压顶。钢筋混凝土屋面板(屋面板分别向南和向北按下坡方向铺成一定的坡度,屋面板和四层兼作圈梁的窗过梁一起整体浇筑,由于屋面板在檐口处不设保温层和钢筋混凝土面层,只用 20 mm 厚的水泥砂浆粉面,因而形成用于排水的天沟)和底层到二层的楼梯平台的楼梯平台凸出处的屋面板,用实细线画出了面层线;在屋面之上,则用单粗实线简化画出了 35 mm 厚的架空隔热板(包括一小部分未被剖切到但可见的隔热板,也用单粗线画出);此外,还画出了剖切的带有检修孔的水箱和孔盖,由于它们是钢筋混凝土构件,所以断面用涂黑表示,但应在这两个构件的交接处留有空隙。

平屋顶的屋面排水坡度有两种做法:一种是结构找坡,将支承屋面板的结构件筑成需要的坡度,然后其上铺设屋面板(这幢教工住宅的屋面排水坡度就是采用这种做法);另一种是材料找坡,将屋面板平铺,然后在结构层上,用建筑材料铺填成需要的坡度。对照图 7-22 所示的屋顶平面图可知,这幢住宅在屋面找坡时,如果按对称找坡,分水线应位于ⓒ轴线之北 450 mm 处,与Ⓐ和Ⓕ轴线之间的间距均为 5550 mm。但是按结构找坡的要求,屋面排水的分水线应设在纵墙上,因此,为便于施工,分水线做在ⓒ轴线纵墙的北墙面处,向北按下坡方向铺成 3% 的坡度,到Ⓕ轴线处的标高为 12.000 m,而按建筑要求,屋面在Ⓐ轴线处的标高也应为 12.000 m,因此,在施工中,把屋面板由Ⓐ轴线处的标高为 12.000 m,向上逐渐铺至分水线,虽然在图中由分水线向南按下坡度也标注了 3%,但实际的坡度是由施工得到的,约为 3.5%,由于屋面板是搁在横墙上,不铺入纵墙,所以轴线为ⓒ的墙,于梁底标高为 11.700 m 的 240×200 mm 圈梁之上,再砌一段砖墙。

3. 按剖视方向画出未剖切到的可见构配件

(1)在剖切到的外墙外侧的可见构配件。在被剖切的南墙外,画出了西边住户的室外台阶、平台和花坛,二、三、四层的阳台及其上的小花台,四层阳台顶上的雨棚等可见投影;在被剖切的北墙外,也画出了台阶和平台的栏板以及西边住户凸出的厨房外墙面及其上的勒脚、引条线和窗套的可见投影。

(2)室内的可见构配件。由南向北可以看出,图中画出了东边各层的最大卧室西墙上的踢脚板,东边各层住宅过厅内西墙处的壁橱和西墙上的踢脚板;在剖切平面转折处,画出了东边住户和西边住户大门重叠处的可见投影,画出了转折后在楼梯间内未被剖切到的可见楼梯段、栏杆、扶手以及楼梯间内西墙上的踢脚板,还画出了在底层与二层之间的楼梯平台凸出处的西墙面上窗的可见投影。对照底层和二、三、四层平面图可知,这幢住宅的楼梯在每两层之间,都分别有两个楼梯段,中间有一个楼梯平台。值得注意的是,在剖切平面的转折处不应画出分界线。

(3)屋顶上的可见构配件。画出了西端墙和压顶、支承架空隔热板的砖墩、屋面检修孔,在水箱和屋面检修孔附近处西侧的未被剖切到的架空热板、水箱内未剖到的轮廓线以及支承水箱的矮墙等,也画出了底层与二层之间的楼梯平台凸出处的屋顶可见轮廓线。

4. 竖直方向的尺寸、标高和必要的其他尺寸

在建筑剖面图中,应标注房屋外部、内部一些必要的尺寸和标高。外部尺寸通常标注三道尺寸,如在图中南墙外所标注的尺寸有:门窗洞入洞间墙的高度尺寸、层高尺寸、总高尺寸;而在楼梯间外墙处,则省略了楼梯平台面之间的尺寸。内部尺寸如内墙上的门、窗洞,窗台和墙裙的高度,预留洞、槽、隔断、地坑深度等,图中注出了轴线为ⓒ的墙上的门洞高度尺寸。在建筑剖面图中,还应标注室外地坪、楼地面、地下层地面、阳台、平台、檐口、女儿墙顶等标高,高出屋面的水箱、楼梯间顶部等处的标高。其他尺寸则视需要注写,如图中标注了屋面的坡度 3% 以及定位轴线间的尺寸等。

对楼地面、地下层地面、楼梯、平台等处的高度尺寸及标高,应注写完成面的标高及高度方向的尺寸(建筑标高或包括粉刷层的高度尺寸),其余部位注写毛面的高度尺寸和标高(不包括粉刷层的高度尺寸或结构标高),并且所标注的尺寸与标高,应与建筑平面图和立面图中所标注的相吻合,不能产生矛盾。在建筑剖面图中,主要应注写高度方向的尺寸和标高,同时也可适当标注需要的横向尺寸。标注建筑剖面图中各部位的定位尺寸时,宜标注其所在层次内的尺寸。

5. 索引符号以及某些构造的用料说明和做法

在需要绘制详图的部位,应画出索引符号。在图 7-29 中,作为示例,在轴线编号为Ⓐ的外墙上四个节点处,编绘了详图索引符号。

地面、楼面、屋顶的构造与材料、做法,可在建筑剖面图中用指引线从所指的部位引出,按其构造的层次顺序逐层用文字说明,也可用文字说明内墙的材料和做法。若另有详图,或者在施工总说明中已阐述清楚,则在建筑剖面图中,可以不必标注。由于上述原因,在图 7-29 中,就没有标注有关构造的用料说明和做法。

五、绘制建筑剖面图的步骤与方法

仍以图 7-29 所示的 1—1 剖面图为例,说明剖面图的绘图步骤。绘制建筑剖面图与绘制建筑平面图、建筑立面图基本相同,下面就图 7-30 来简单介绍相关要点。

(1) 如图 7-30(a)所示,在适当布置图面后,顺序画出了各定位线。先画出室内外地坪线,被剖切到的Ⓐ轴线、Ⓒ轴线Ⓚ号轴线和未被剖切到的Ⓕ轴线,再画出房屋的楼面线、楼梯平台线、屋面线、女儿墙顶面的可见轮廓线等。于是便画出了这幢房屋各个部分在 1—1 剖面图中的主要轮廓位置。

(2) 如图 7-30(b)所示,顺次画出剖切到的主要构件。先画出被剖切到的墙、底层地面架空板、各层楼板、楼梯的各层平台板、屋面板,同时,画出由底层到二层与二层到三层的两个楼梯平台之间向北延伸部分被剖切到的墙、平台板和屋面板,顺便画出伸出部分的小屋面西端凸缘顶面的可见轮廓线。然后,在被剖切到的墙身断面上,画门窗洞、过梁、圈梁等构配件:在轴线为Ⓐ的外墙断面中,于室内地下画出钢筋混凝土过梁,在四层楼的窗洞顶上,画出兼作圈梁的与屋面板合浇成一体的过梁,画出在檐口处因屋面板不加保温层和钢筋混凝土面层面形成的天沟,画出女儿墙上的钢筋混凝土压顶断面。在轴线为Ⓒ的内墙断面中,画出地板下的圈梁,各层最大卧室的门洞顶上的过梁与楼板处的圈梁。由于整幢房屋的每层圈梁必须连通,所以它们的梁底标高与轴线Ⓐ的外墙中圈梁相同,过梁与圈梁之间的仍砌砖墙。同样,在四层楼的门洞过梁之上,砌一段砖墙后,也画出圈梁断面,圈梁之上再砌砖墙至屋面。在轴线为Ⓚ的楼梯间外墙断面中,画出门洞下的基础梁,门洞上兼作过梁的现浇楼梯的平台梁,支承二层楼梯间以上外墙墙体的钢筋混凝土梁的断面、窗洞上的过梁或兼圈梁的过梁,屋面板处的圈梁,女儿墙顶的压顶;也画出底层到二层和二层到三层的两个楼梯平台之间向北延伸部分外墙下的梁以及外墙顶上小屋面的带凸缘的附加圈梁的断面。按照底层和二、三、四层建筑平面图,画出被剖切到的梯段,

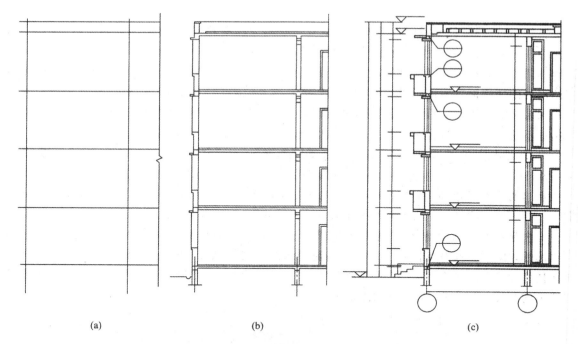

(a)　　　　　　　(b)　　　　　　　(c)

图 7-30　绘制建筑平面图图稿的步骤

(a) 画定位轴线、室内地坪线、室外地坪线、楼面和楼梯平台面、屋面以及女儿墙的墙顶线；

(b) 画剖切到的墙身、底层地面架空板、楼板、平台板、屋面板以及它们的面层线，楼梯、门窗洞、过梁、圈梁、窗套、台阶、天沟、架空隔热板、水箱等主要构配件；(c) 画可见的阳台、雨棚、检修孔、砖墩、壁橱、楼梯扶手和西边住户厨房的窗套等其他构配件和细部，标注尺寸、符号、编号、说明

顺便画出未剖切到的可见梯段。对照屋顶平面图，画出屋面检修孔、水箱、架空隔热板。由底层平面图可知，剖切平面在东边住户大门 M43 处转折，所以也顺便画出东边住户的大门 M43 与西边住户大门 M43 互相拼合的可见投影。

(3) 如图 7-30(c)所示，画出可见的构配件的轮廓，建筑细部以及有关图例。顺次画出西边底层住户南面的台阶、平台以及它们西面的花坛的可见投影；二、三、四层阳台的轮廓和阳台栏板上的小花台，四层阳台顶上的雨棚；每层可见的西墙面上的踢脚板；每层过厅内壁橱的可见投影。画出楼梯间内的梯段上的栏杆、扶手和楼梯平台延伸部分西墙上的窗的图例；画出西边住户厨房的可见北墙面、墙面上的引条线和墙面上凸出的窗套轮廓以及勒脚线、平台与台阶的栏板；画出西端女儿墙的轮廓转折线和示意性画出支承架空板的砖墩的可见投影，画出剖切到的门窗图例线。

(4) 如图 7-30(c)所示，按需要标注尺寸、标高、坡度、定位轴线编号、索引符号等，并安排好书写文字的位置。

绘制建筑剖面图时，对图线的要求如下。

(1) 室外地坪线可画成线宽为 $1.4b$ 的加粗实线。室外被剖切到的平台的线宽可画成 $1.4b$ 或 b。

(2) 被剖切到的主要建筑构造、构配件的轮廓线，应画成线宽为 b 的粗实线；剖切到或虽未剖切到，但可见的很薄构件(如架空隔热板)，也可用简化成线宽为 b 的粗实线画出。

（3）被剖切到的次要构件的轮廓线、构配件的可见轮廓线，一般都画成线宽为 0.5b 的中实线，如室外花坛、阳台、雨棚、凸出的墙面、可见的梯段、屋面检修孔、架空隔热板下的支承砖墩、女儿墙等。

（4）小于 0.5b 的图形线，画成线宽为 0.25b 的细实线，如图中屋面、楼地面的面层线，墙面上的一些装修线（包括表示外墙面上的勒脚、内墙上的踢脚板、外墙上的引条线等）以及一些固定设施、构配件上的轮廓线（如壁橱门、水箱内部的轮廓线）。至于表示那些较小的或次要的建筑构配件的图线，在《建筑制图标准》中没有作出具体规定，可按绘图者对所要表示内容的主次地位的看法而定。

任务 8 建筑详图

一、建筑详图的形成

建筑详图是建筑细部的施工图。因为平、立、剖面图的比例较小，建筑物上许多细部构造无法表示清楚，根据施工需要，必须对房屋的细部或构、配件用较大的比例（1∶20、1∶10、1∶5、1∶2、1∶1 等）将其形状、大小、材料和做法，按正投影图的画法详细地表示出来，这样的图样称为建筑详图，简称详图。

对于套用标准图或通用详图的建筑构配件和剖面节点，只要注明所套用图集的名称、编号或页次，则可不必再画详图。建筑详图所画的节点部位，除应在有关的建筑平、立、剖面图中绘注出索引符号外，还需在所画建筑详图上绘制详图符号和写明详图名称，以便查阅，并在详图符号的右下侧注写比例。

二、建筑详图的作用

建筑详图一般应表达出构配件的详细构造，所用的各种材料及其规格，各部分的连接方法和相对位置关系；各部位、各细部的详细尺寸，包括需要标注的标高、有关施工要求和做法的说明等。其特点为比例大；尺寸标注齐全、准确；文字说明详尽。因此，建筑详图是建筑平、立、剖面图的补充，是建筑施工图的重要组成部分，是施工的重要依据。

三、建筑详图的种类

建筑详图可分为节点构造详图和构件详图两类。凡表达房屋某一局部构造做法（如檐口、窗台、勒脚、明沟等）和材料组成的详图称为节点构造详图。凡表明构配件本身构造（如门、窗、楼梯、花格、雨水管等）的详图，称为构件详图或配件详图。

四、建筑详图的表示方法

（1）详图的数量。详图的数量和图示内容与房屋的复杂程度及平面、立面、剖面图的内容和比例有关。有的只需一个剖面详图就能表达清楚（如墙身剖面详图），有的则需另加平面详图（如楼梯平面详图、卫生间平面详图等）或立面详图（如门窗、阳台详图等）。有时还要在详图中再补充比例更大的详图。还有一些构配件详图除画平面、立面、剖面详图外，还需要画一些构配件的断面图，如门窗断面图。

（2）对于套用标准或通用图的建筑构配件和节点，只需注明所套用图集的名称、型号或页次（索引符号），可不必另画详图。

（3）对于节点构造详图，除了要在平面、立面、剖面等基本图样中的有关部位注出索引符号外，还应标注出详图符号或名称，以便对照查阅。而对于构配件详图，可不注索引符号，只在详图上写明该构配件的名称或型号即可。

五、建筑详图的内容

一幢房屋施工图通常需绘制以下几种详图：外墙剖面详图、楼梯详图、门窗详图及室内外一些构配件的详图，如室外的台阶、花池、散水、明沟、阳台等，室内的厕所、盥洗间、壁柜、搁板等。各详图的主要内容包括以下几个方面。

（1）图名（或详图符号）比例。

（2）表达出构配件各部分的构造连接方法及相对位置关系。

（3）表达出各部位、各细部的详图尺寸。

（4）详细表达构配件或节点所用的各种材料及其规格。

（5）有关施工要求、构造层次及制作方法说明等。

六、外墙剖面详图、楼梯详图和其他建筑详图

1. 外墙剖面详图

墙身剖面详图实际上是墙身的局部放大图，详尽地表明墙身从基础墙到屋顶的各主要节点的构造和做法。画图时，常将各节点剖面图连接在一起，中间用折断线断开，各个节点详图都分别注明详图符号和比例。下面以图 7-31 和图 7-32 所示的外墙剖面详图为例，进行简单介绍。

图 7-31 画出了从 1—1 剖面图（见图 7-29）中索引过来的檐口、窗台、窗顶、勒脚和明沟四个节点剖面详图；图 7-32 则画出了从屋顶平面图（见图 7-22）索引过来的屋面雨水口节点剖面详图和从底层平面图（见图 7-16）索引过来的散水节点剖面详图。

1）檐口节点剖面详图

檐口节点剖面详图主要表达顶层窗过梁、遮阳或雨棚、屋顶（根据实际情况画出它的构造与

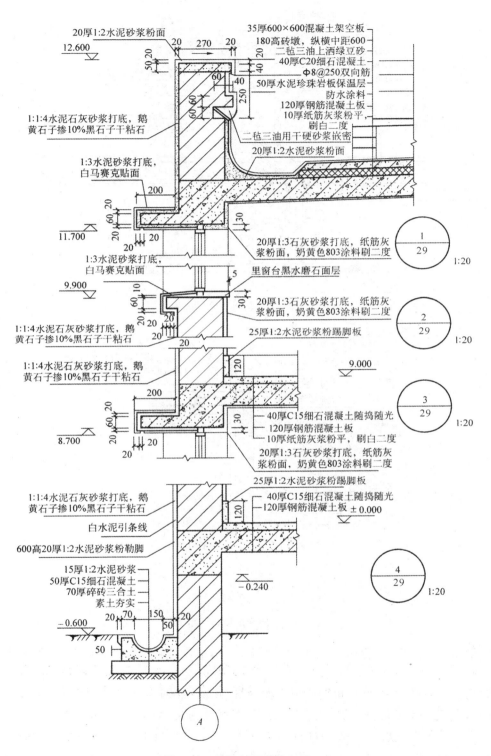

图 7-31　外墙剖面详图示例一

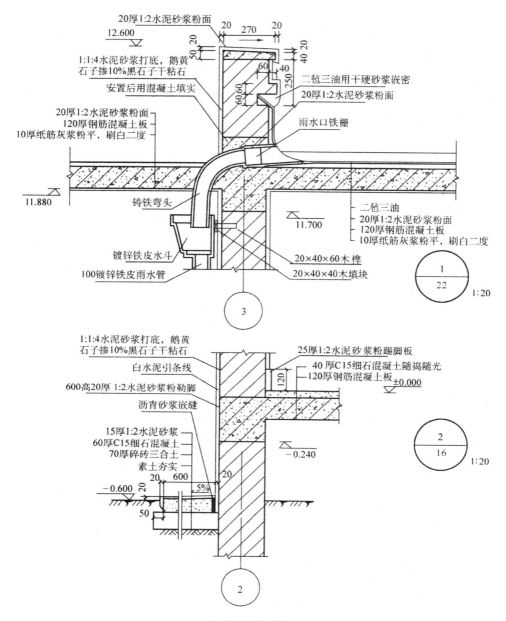

图 7-32 外墙剖面详图示例二

构配件,如屋架或屋面梁、屋面板、室内顶棚、天沟、雨水口、雨水管和水斗、架空隔热层、女儿墙及其压顶)等的构造和做法。

编号为 1 的详图在折断线以上画出了在钢窗 GC282 窗顶以上各部分构造。屋面承重层是 120 mm 厚的现浇钢筋混凝土板,屋面铺成一定的排水坡度,板上铺 50 mm 厚的水泥珍珠岩板保温层,再在其上做内放Φ8@250 双向钢筋网片的 40 mm 厚度的 C20 细石混凝土整浇层,并在其上再做二毡三油,上面洒一层绿豆砂(颗粒很小的石子)。然后,用三块标准砖(240 mm×15 mm×53 mm)砌筑成砖墩,支承 35 mm 厚 600 mm×600 mm 的混凝土板,形成高度为 180 mm

左右的架空层,能起到通风隔热的作用。油毡在檐口女儿墙上的收头是用干硬砂浆嵌密压实,雨水由屋面流入天沟,最后排向墙外的雨水管(可对照阅读图 7-22 的屋顶平面图)。砖砌女儿墙上端是钢筋混凝土压顶,粉刷时,除顶面保持向内的斜面外,内侧底面粉刷出滴水斜口,以免雨水沿墙面垂直下流,屋面板的底面用纸筋灰浆粉平后,再刷白二度。图中还反映了窗过梁和窗顶处的做法。窗过梁与屋面板合浇在一起,并带有遮阳板,粉刷后用白马赛克贴面,底面也留有滴水槽。在折断线之上还画出了窗顶部的图例(包括钢窗 GC282 的窗框和窗扇的断面简图、窗洞的可见侧墙面等)以及窗洞顶部和内墙面的粉刷情况。

2)窗台节点剖面详图

窗台节点剖面详图主要表达窗台的构造以及外墙面的做法。

编号为 2 的详图,是从图 7-29(1—1 剖面图)中轴线为Ⓐ的外墙四楼窗台处索引过来的窗台节点剖面详图,画在两条折断处之间。砖砌窗台的做法是:外窗台面向外,粉成一定的排水坡度,表面贴白马赛克,底面做出滴水槽,以便排除从窗台面流下的雨水;里窗台为了可以放置物品,又便于擦洗,所以用黑灰水磨石面层。在窗台之上和折断线以下,也画出了窗的底部图例(包括钢窗 GC282 的窗框和窗扇的断面简图和窗洞的可见侧墙面等),同时还画出并注明了内外墙面的粉刷情况。

3)窗顶节点剖面详图

窗顶节点剖面详图主要表达窗顶过梁处的构造,内、外墙面的做法以及楼面层的构造情况。

编号为 3 的详图,是从图 7-29(1—1 剖面图)中轴线为Ⓐ的外墙三楼窗台处索引过来的窗台节点剖面详图,画在两条折断处之间。图中画出了窗的顶部图例,带有遮阳板且与圈梁连通的窗过梁,画出和注明了内外墙面、窗顶和遮阳板的粉刷与贴面情况而且也画出和注明了四楼楼面的楼板(钢筋混凝土板)的横断面及其面层和底板粉刷情况,图中还画出和注明了为保护室内墙脚的踢脚板。

4)勒脚的明沟节点剖面详图

勒脚的明沟节点剖面详图,主要表达外墙脚处的勒脚和明沟的做法以及室内底层地面的构造情况。

编号为 4 的详图,是从图 7-29(1—1 剖面图)中轴线为Ⓐ的墙脚外墙处索引过来的勒脚和明沟节点详图,画在两条折断处之间。从图中可以看出:在外墙面的墙脚处,用比较坚硬的防水材料做成高度为 600 mm(从室外地面开始算起)的勒脚,以较好地保护外墙室外地面处的墙角;为了避免墙脚处的室外地面积水,在勒脚处宜做成明沟或散水,以利排水,图中已详细地画出和注明了明沟的具体尺寸和做法,从图中还可以看出:室内底层地面是架空的钢筋混凝土板、其上铺设 40 mm 厚的 C15 细石混凝土的情况以及内墙脚处的踢脚板及其做法;架空的钢筋混凝土板下的墙身中没有钢筋混凝土圈梁。若室内底层地面之下的墙身内没有用混凝土或钢筋混凝土构件全部隔开,则应设置防潮层,用来防止土壤中的水分渗入墙体,侵蚀上面的墙身,一般的做法是设 60 mm 厚的细石钢筋混凝土防潮层,也可用仅在墙身中铺设一层 20 mm 厚的掺防水剂的 1:2 水泥浆,或者铺一层油毡的简便做法。

5)屋面雨水口节点剖面详图

屋面雨水口节点剖面详图主要表达屋面上流入天沟板槽内的雨水穿过女儿墙,流到墙外雨水管的构造和做法。

从图7-32中编号为1的详图符号可以看出,它是从图7-22所示的屋顶平面图索引过来的,而查阅图7-22中相应的索引符号可知,是用通过天沟板西边尽端处的铸铁出水弯头中心线的正平面剖开后,由前向后投射所得的节点剖面详图。在屋顶平面图(见图7-22)中可看出:屋面上的雨水按画出的坡度符号所示的下坡方向流入天沟的槽内,而槽底在中间凸起,分别按5‰的下降坡度流向两端,端部分别安装了铸铁弯头,穿过女儿墙,雨水由铸铁弯头流经水斗和雨水管排泄到明沟。在图7-22中只画出了铸铁弯头穿出女儿墙后在雨水篷顶上的一段可见投影。

图7-32中的屋面雨水口剖面详图画出了定位轴线编号为③的墙和女儿墙的断面,也画出了天沟西端槽底的一小段断面,在天沟西端的雨水棚的雨水口处的女儿墙上留一个孔,使设置在天沟板端部底面上出口处的一段铸铁雨水管与铸铁弯头相连,安置后用混凝土填实,铸铁弯头还穿过四层阳台顶上的雨水棚,它的出口插入镀锌铁皮水斗内,水斗的下部接 $\phi100$ 镀锌铁皮雨水管,这样,当雨水汇聚入天沟后,就可以从雨水管排走。其他的构造不再赘述。

6) 散水节点剖面详图

散水(防水坡)的作用是将墙脚附近的雨水排泄到离墙脚一定距离的室外地坪的自然土壤中去,以保护外墙的墙基免受雨水的侵蚀。散水节点剖面详图主要表达散水的外墙墙脚处的构造和做法以及室内地面的构造情况。

图7-32中编号2的详图是从图7-16底层平面图上轴线为②的外墙墙脚的散水处索引出的散水节点剖面详图,图中画出并注明了该处的散水、轴线为②的外墙和室内的地面的构造。这里只介绍图中的散水做法(其余内容请读者自行阅读):先将外墙之外的泥土夯实,铺70厚碎砖三合土,再用强度等级 Cl5 的混凝土浇捣厚60 mm、宽600 mm,表面粉15 mm厚1∶2水泥砂浆,散水的外侧边缘高出地面20 mm,表面随捣随光,做成5%的向外的下坡度,并在散水与外墙面的接缝处,用沥青砂浆嵌缝,在外墙面上,用1∶2水泥砂浆粉刷高600 mm、厚20 mm的勒脚。

2. 楼梯详图

楼梯是多层房屋上下交通的主要设施,建造楼梯常用钢、木、钢筋混凝土等材料。木楼梯现在很少应用,钢楼梯大多用于工业厂房,在房屋建筑中最广泛应用的是钢筋混凝土楼梯。

楼梯段简称梯段,也称梯跑,是联系两个不同标高的平台或楼面的倾斜构件,一般做出踏步,踏步由踏面和踢面组成,踢面通常是铅垂面,但有时为了增加踏面宽度,踢面也可以做成斜面,如图7-33所示。梯段的结构形式有板式楼梯(图7-34(a),梯段就是踏步板,踏步板直接支承在两端的楼梯上)和梁板式楼梯(图7-34(b),梯段由踏步板及其下面两侧的斜梁组成,踏步板搁置在斜梁上,斜梁搁置在梯段两端的楼梯梁上)。楼梯平台简称平台。若楼梯梁同时还支承楼梯平台板,即两楼屋间没有楼梯平台,只有一个梯段;但通常是双跑楼梯,即两层间的楼梯由两个梯段组成,两个梯段之间设有楼梯平台。此外,也可采用三跑楼梯、

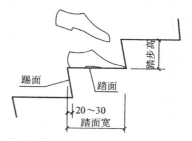

图 7-33　踏步示意图

螺旋楼梯等其他形式。设置楼梯栏杆与扶手(也可做成栏板的形式),则是为了保证人们在上下楼行走时的交通安全。

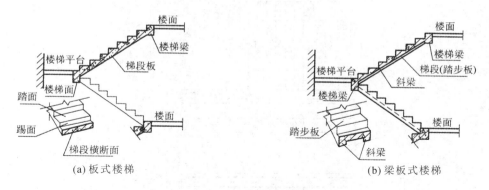

(a) 板式楼梯　　　　　　　　　　(b) 梁板式楼梯

图 7-34　楼梯的两种结构形式

　　楼梯的构造比较复杂,需要画出它的详图。楼梯详图主要表达楼梯的类型、结构形式、各部位的尺寸和装修做法等。楼梯详图包括楼梯平面图、楼梯剖面图以及踏步、栏杆、扶手等节点详图,分别介绍如下。

　　1) 楼梯平面图

　　图 7-35 是这幢住宅的楼梯详图中的楼梯平面图,其画法与建筑平面图相同。当底层与顶层之间的中间层布置相同时,也可只画底层、中间层和顶层三个楼梯平面图。从图 7-35 可以看出,这幢住宅的楼梯是双跑楼梯,剖切到的梯段,以倾斜的折断线断开;在底层平面图中,只画到折断为止的第一上行梯段以及从楼梯口地面到门洞口的下行两级踏步;在二、三层平面图中,折断线的一边是该层的上行第一梯段,用箭头表示上行方向,注明往上走多少级踏步到达上一层楼面,而折断线的另一边,则是该层的下行第二梯段,同时画出在水平剖切面以下的该层下行第一梯段及其楼梯平台,用箭头表示下行方向,注明往下走多少级踏步,到达下一层楼(地)面;在四层平面图(顶层平面图)中,水平剖切面剖切不到梯段,图中画出的是到三层楼面的两个下行梯段和梯段间的楼梯平台,四楼无上行梯段,因而在四层楼面与三层到四层的第一上行梯段走步处的这部分空间里,形成了一个高差,必须在楼梯的栏杆与扶手到达四楼后,就在这个位置处转弯,沿楼面边缘继续做栏杆和扶手,一直做到墙壁为止,以保证安全。从底层到二层楼面的楼梯,为了照顾进门入口处的净高,将两个梯段做成"长短跑",即一个梯段长,一个梯段短,以增加第一个楼梯平台之下的高度;其他各层则都做成相等的梯段,即"等跑"。为了满足楼梯平台宽度在建筑上的要求(平台深度≥梯段宽度)所以在二层平面图中画出的第一个楼梯平台,伸出外墙 600 mm,使实际净深为 1650 mm。

　　从楼梯平面图所示的尺寸,还可以了解到楼梯间的开间尺寸、楼梯平台的进深尺寸和标高,还可以知道各梯段和踏步的水平长度和宽度以及各梯段栏杆与扶手、楼梯间进门处的门洞、平台上方窗的位置。在底层图中,画出和注明了楼梯剖切面的剖切符号及编号,这个楼梯剖面图所示的图纸编号为"建施-24"(图 7-37);此外,在梯段起步处画出了索引符号,表明有关踏步及扶手的位置、构造和做法,可查阅"建施-26"(图 7-39)中的编号为 1 的节点详图。

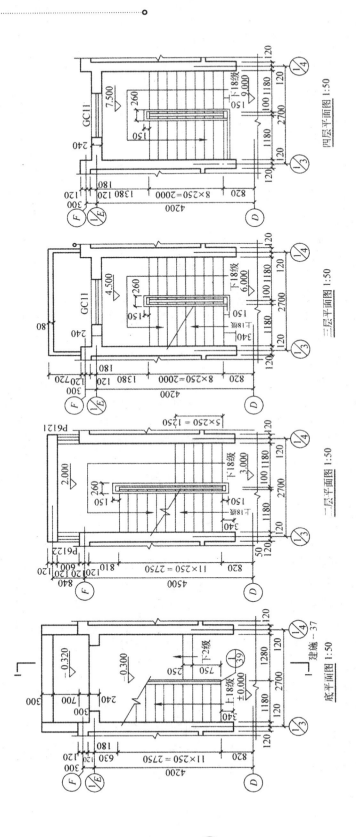

图 7-35 楼梯平面图

下面用图 7-36 说明绘制楼梯平面图图稿的方法。与画建筑平面图一样,应注意到在图 7-36 (a)中,梯段起止线的距离＝(级数－1)×踏步宽度,这是因梯段端部的踏面部的踏面与平台面或楼面重合,所以在平面图中的每一梯段画出的踏面数总是比级数少 1。在图 7-36 (b)中,表示了在梯段起止线的距离内进行(级数－1)等分的画法。图 7-36 (c)是最后完成的图稿,图稿上再注写尺寸数字、标高数字、定位轴线编号、图名与比例等,就成为图 7-35 所示的二层梯段平面图。

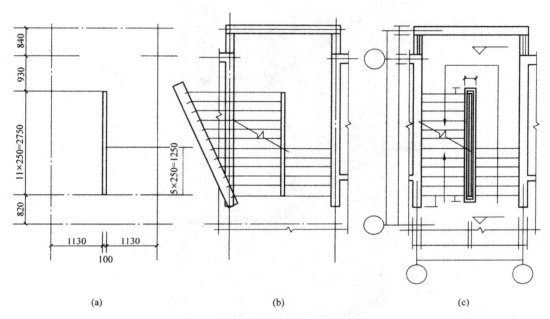

(a)　　　　　　　　　　　(b)　　　　　　　　　　　(c)

图 7-36　绘制楼梯平面图图稿的步骤

(a) 画出轴线和梯段及其起止线;(b) 画出墙身,并在梯段起止线内分格,画出踏步和折断线;

(c) 画出细部和图例、尺寸、符号以及图名横线等

2) 楼梯剖面图

图 7-37 是按图 7-35 的楼梯底层平面图中的剖切位置及剖视方向画出的,每层的下行梯段都是被剖切的,而上行梯段则未剖到,是可见的。这个楼梯剖面图,画到楼梯间中各层西边住户的大门处断开,画到四层楼面的栏杆与扶手以上断开。图中画出了定位轴线①和⑥,楼梯间各层楼面的构造,各层西边墙面上的踢脚板和大门,剖切到的楼梯梁、梯段、平台板及其面层,可见的梯段、栏杆与扶手,楼梯间外墙的构造(包括剖切到的墙身和各种梁、门洞以及窗洞和窗的图例),进门处室外地面,被剖切到的台阶、平台和它们的可见栏板,未被剖切到而可见的西边住户厨房凸出处的墙面(包括墙面上的引条线、凸出墙面外的遮阳和窗套的可见侧面)。

图 7-37 中标注出了各层楼(地)面、楼梯平台面、楼梯梁底面等的标高,踏步高度和级数以及各梯段的高度等尺寸,标注出了进门口和楼梯平台北侧的外墙上的门洞与窗的定位和定形尺寸,还分别标注出了门洞内、外两级踏步的高度尺寸。

根据图 7-37 中的索引符号,能在图 7-39 中查阅到在二层楼面的楼梯转折处的踏步、扶手、栏杆的详细构造、尺寸和做法。

按《建筑制图标准》规定,比例等于 1∶50 的平面图、剖面图,宜画出楼地面的面层线,是否画墙面抹灰层的面层线,应根据需要而定。在图 7-37 中,画出了楼地面的面层线,但由于图中

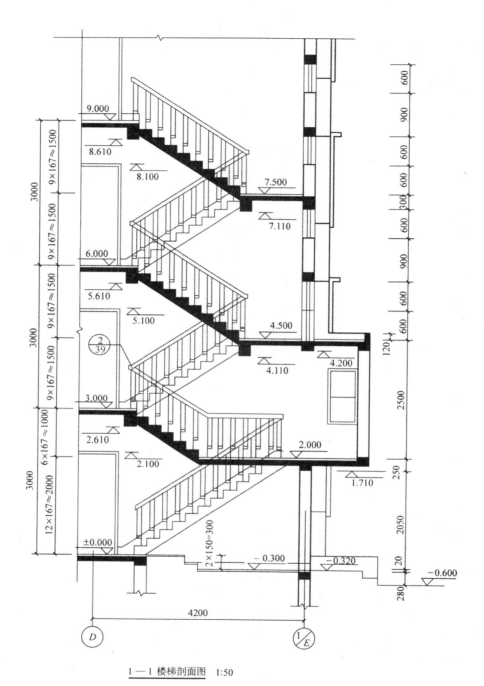

1—1 楼梯剖面图 1:50

图 7-37 楼梯剖面图

线条较多,因此没有画墙面抹灰层的面层线。在《建筑制图标准》中,对比例等于 1:50、小于 1:50 以及大于 1:100 的平面图、剖面图,是画出材料图例,还是画出砖墙涂红、钢筋混凝土涂黑的简化的材料图例,未作明文规定。在图 7-37 中采用涂黑表示钢筋混凝土的材料图例。

在图 7-38 中说明了绘制楼梯剖面图图稿的步骤。应该注意到:在图 7-38(b)中,竖向每一个分格表示一个踏步的高度,格数等于梯段的级数,水平方向的每一个分格表示一个踏步的宽度,格数比梯段级数少一格,竖向分格和横向分格都宜用图 7-38 所示的等分两平行线之间的距离的方法画出。图 7-38(c)是最后完成的图形,再注写图名与比例,就是图 7-37 所示的楼梯剖面图。图中省略了梯段上踏步的面层粉刷线。

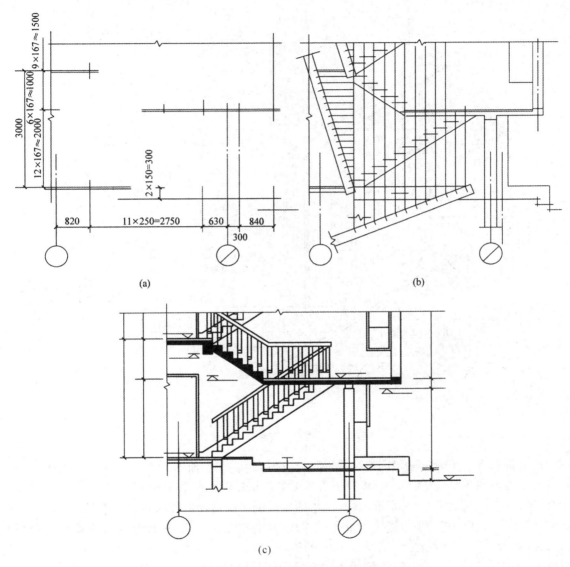

图 7-38　绘制楼梯剖面图的步骤

(a) 画出图中所需的定位轴线和各层楼地面与平台面,楼地板面与平台板面以及各梯段的位置;
(b) 利用等分线,在地板面之间定各梯段的高,在梯段位置内定各梯段的宽,画出梁、板、室内台阶、墙身,门前洞、
外墙面等主要轮廓线;(c)画出细部和图例,绘注尺寸、符号编写等

3) 楼梯的节点详图

图 7-39 为楼梯的节点详图示例。

编号为 1 的详图是从图 7-35 楼梯平面图中的底层平面图索引过来的。它表明了踏步的踏

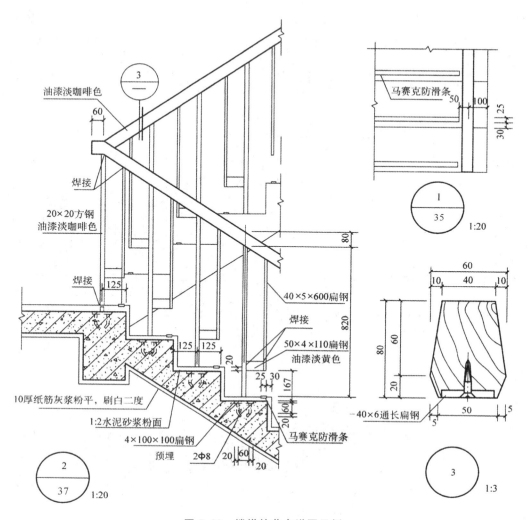

油漆淡咖啡色

焊接

20×20方钢
油漆淡咖啡色

焊接

10厚纸筋灰浆粉平，刷白二度
1:2水泥砂浆粉面
4×100×100扁钢
预埋　2Φ8

40×5×600扁钢

焊接
50×4×110扁钢
油漆淡黄色

马赛克防滑条

马赛克防滑条

40×6通长扁钢

图7-39　楼梯的节点详图示例

面上的马赛克防滑条的定形和定位尺寸以及扶手的定位尺寸。

　　编号为2的详图是从图7-37楼梯平面图中的二层楼面的楼梯转折处索引过来的。从这个详图可以看出:楼板采用的是钢筋混凝土板、细石混凝土面层;梯段是由楼梯梁和踏步板组成的现浇钢筋混凝土板式楼梯,板底用10 mm厚纸筋灰浆粉平后刷白,踏步用20 mm厚1:2水泥砂浆粉面;为了防止行人行走时滑跌,在每级踏步口贴一条25 mm宽的马赛克,高于踏面,作为防滑条;为了保障行人安全,在梯段或平台临空一侧,设栏杆和扶手,栏杆用方钢和扁钢焊成,它们的材料、尺寸和油漆颜色,都已表明在图中,栏杆的下端焊接在预埋于踏步中的带有φ8的钢筋弯脚的钢板上;栏杆的上端装有扶手,图中注明了扶手的油漆颜色,也注明了栏杆的上端与镶嵌在扶手底部的钢铁件相焊接。

　　在编号2的这个详图的扶手处,画出了索引符号,索引到本张图纸上编号为3的扶手的断面详图。从这个断面详图中可以看出扶手断面的形状与尺寸,扶手的材料是木材,用通长扁钢镶嵌在扶手的底部,并用木螺钉连接,栏杆则焊接在扁钢上。

3. 其他建筑详图示例

1）室外台阶节点剖面详图

图 7-40 是从"建施-12"（图 7-25 所示的①～⑦立面图）中索引过来的节点剖面详图。从图 7-25 中可以看出，它是在底层东边住户进门的台阶处剖切后，向左投射所抽得的剖面图，在图中清晰地表明了进门台阶的构造、尺寸与做法。

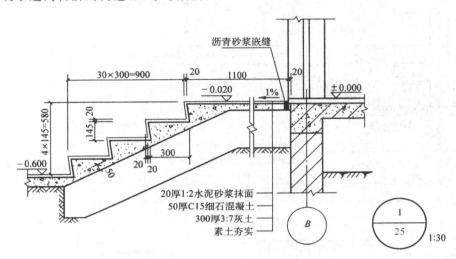

图 7-40　室外台阶节点剖面详图

2）阳台详图

图 7-41 是从"建施-15"（图 7-18 所示的二层平面图）中索引出的阳台详图。图中阳台和卧室内楼面的标高可见，这个阳台详图是二、三、四层共用的；当阳台面标高为 2.960～2.980 m，楼面的标高为 3.000 m 时，是二层阳台的详图；若阳台面标高为 5.960～5.980 m 或 8.960～8.980 m 和楼面高为 6.000 m 或 9.000 m 时，则就是三层阳台或四层阳台的详图。

阳台详图通常包括立面图、平面图、剖面图、栏杆与扶手栏板的连接图和晒衣架构件图等。绘制这些详图时，立面图与平面图可用稍小的相同比例，剖面图用稍大的比例，而栏杆与扶手栏板的连接图和晒衣架构件图则宜用更大的比例，如图 7-41 中所示的那样。在图 7-41 中，由于用图中所示的图样已能表达这个阳台，所以省略了立面图。

阳台的形式有外挑阳台、凹阳台和半挑阳台等。图 7-41 中编号为 1 的详图是阳台平面图，按这个图中的剖面剖切符号和索引符号，分别对照该图中的 1—1 剖面图和编号为 2 的栏杆与扶手的连接详图可看出，这幢教工住宅的阳台是外挑转角阳台，挑出长度为 1.20 m，阳台地面的平均标高低于室内地面 30 mm，以免雨水倒流到房间，并找坡使雨水流入地漏，再由地漏的接管流入雨水管。这个阳台的中部和西部用实心的钢筋混凝土栏板，东部用扁钢做栏杆，扶手是通长用的钢筋混凝土扶手，中部还有凸出的小花台，用这三个详图就可表达清楚栏板、栏杆、扶手以及它们之间连接关系。此外，从 1—1 剖面图以及从它索引出的编号为 3 的详图还可看出：在外挑的钢筋混凝土阳台板的底面下，用预埋件焊接了以 $\phi12$ 的钢筋所弯成的净高 130 mm（即伸出粉刷层后的高度）、宽 720 mm 和焊有 8 根 $\phi8$ 钢筋作为分隔用的分叉的晒衣架。

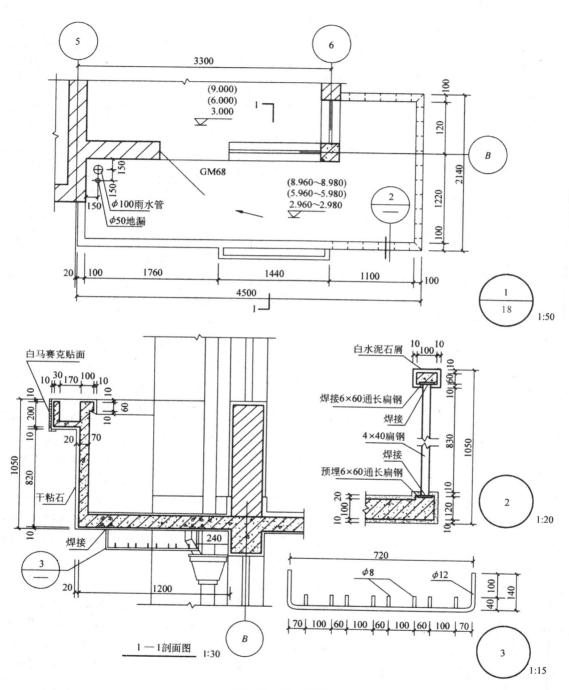

图 7-41　阳台详图

项目小结

1. 建筑施工图的首页

建筑施工图的首页包括工程概况、主要设计依据、设计说明、图纸目录、门窗表、装修表以及有关的技术经济指标等。

2. 建筑总平面图的识读要点

（1）看图名、比例及有关文字说明。

（2）熟记总平面图图例，看懂各类建筑物的位置、朝向、层数以及总平面图中的道路、绿地等。

（3）了解新建房屋室内外高差、道路标高及坡度。

3. 建筑平面图的识读要点

（1）建筑平面图的产生：用一水平的剖切面沿窗台的上方将房屋剖开后，对剖切面以下部分所作的水平投影图。

（2）熟记平面图图例。

（3）看懂建筑物的外部形状和内部各房间形状。

（4）看懂外部尺寸和内部尺寸。

（5）了解建筑中各组成部分的标高。

（6）了解门窗的位置、编号、尺寸。

4. 建筑立面图的识读要点

（1）建筑立面图的产生：建筑立面图是平行于建筑物各方向外表立面的正投影图，简称立面图。

（2）看图名和比例，确定立面图的投影方向。

（3）看懂建筑物在各个立面上的构件及装饰。

（4）看懂建筑物的竖向高度尺寸及标高。

5. 建筑剖面图的识读要点

（1）建筑剖面图的形成：建筑剖面图是用一假想的垂直于外墙轴线的铅垂剖切平面将建筑物剖开，移去剖切平面与观察者之间的部分，作出剩下部分的正投影图，简称剖面图。

（2）看图名、比例，找到剖面图在平面图中的剖切位置。

（3）看懂剖面图中各个剖切到的构件及未剖切到的构件。

（4）了解建筑物的各部位的尺寸和标高情况。

6. 建筑详图

（1）建筑详图是建筑细部的施工图。

（2）建筑详图包括外墙身详图、楼梯详图、门窗详图，以及卫生间、厨房详图等。

项 目 8

结构施工图

学习目标

知识目标

（1）了解结构施工图的作用。

（2）掌握钢筋的类型及其作用。

（3）了解钢筋混凝土结构的基本知识。

（4）掌握基础、楼层及屋面结构平面图的识读方法。

（5）掌握应用钢筋混凝土结构平面整体表示方法绘制的施工图的识读方法。

能力目标

（1）能识读结构施工图。

（2）能识读钢筋混凝土结构图。

（3）能识读应用钢筋混凝土结构平面整体表示方法绘制的施工图。

任务 1 概述

建筑施工图是表达建筑的外部造型、内部布置、建筑构造和内外装修等内容的图样。而建筑的结构形式、各承重构件（见图8-1）如基础、梁、板、柱以及其他构件的布置结构选型等内容都需要结构施工图来表达。因此，在建筑设计中，除了进行建筑形式设计，绘制建筑施工图外，还需要进行结构设计，绘制出结构施工图。结构施工图是结构专业的表达，是建筑图的实现，也是施工的主要依据。

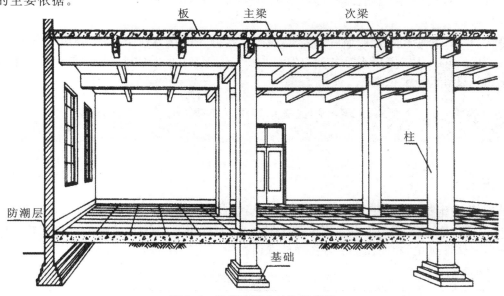

图 8-1　钢筋混凝土结构示意图

一、结构施工图的主要内容及用途

　　结构施工图主要表达结构设计的内容,它是主要将建筑结构系统的各承重构件(基础、承重墙、柱、梁、板、屋架等)的布置、形状、大小、材料、构造及其相互关系绘制成图样。它还要反映出其他专业如建筑、排水、暖通、电气等对结构的要求。

　　结构施工图通常包括以下主要内容。

1. 结构设计说明

　　结构设计说明是带有全局性的说明,主要包括建筑结构设计的依据、所建工程的用途、建筑结构的抗震设计要求、设计使用年限、地基情况、基础形式、结构形式、楼屋面荷载;钢筋混凝土构件、砖砌体等结构选用材料类型、规格、强度等级、基本规定以及构造要求;施工注意事项及规定;选用的标准图集;新结构与新工艺及特殊部位的施工顺序、方法及质量验收标准;在施工图中未画出而需要通过说明来表达的信息等内容。

2. 结构平面布置图

　　结构平面布置图是表达结构构件总体平面布置的图样,主要包括基础平面图(工业建筑还包括设备基础布置图)、楼层结构平面布置图(工业建筑还包括柱网、吊车梁、柱间支撑、连系梁布置图等)、屋面结构平面布置图(工业建筑还包括屋面板、天沟板、屋架、天窗架及支撑布置等)。主要尺寸根据建筑图而来,因此,两个专业的图纸是一一对应的。

3. 构件详图

　　构件详图是局部性图纸,表达构件的形状、大小、所用材料的强度等级和制作安装等,主要包括基础详图;梁、板、柱结构详图;楼梯结构详图;屋架结构详图;其他构件(如天沟、雨棚、装饰线条等)详图。

　　结构施工图是结构设计的最后成果图,也是结构施工的指导性文件,主要用于施工定位、施工放样、基础施工、钢筋混凝土等各种构件制作和安装,同时也是编制预算和工程量清单以及编制施工组织设计的重要依据。

二、结构施工图图线和比例的选用

1. 图线

　　结构施工图的图线宽度及线型应按《建筑结构制图标准》(GB/T 50105—2010)相关图线规定选用(见表8-1)。根据图样复杂程度与比例大小,先选用适当基本线宽 b ,再选用相应的线宽组。在同一张图纸中,相同比例的各图样应选用相同的线宽组。

表 8-1　结构施工图图线的选用

名　　称		线　　型	线　　宽	一　般　用　途
实线	粗	——————	b	螺栓、主钢筋线、结构平面图的单线结构构件、钢木支撑及系杆线,图名下横线、剖切线
	中粗	——————	$0.7b$	结构平面图及详图中剖到或可见的墙身轮廓线,基础轮廓线、钢、木结构轮廓线、钢筋线
	中	——————	$0.5b$	结构平面图及详图中剖到或可见的墙身轮廓线,基础轮廓线、可见的钢筋混凝土构件轮廓线、钢筋线
	细	——————	$0.25b$	可见的钢筋混凝土构件的轮廓线、尺寸线、标注引出线,标高符号、索引符号
虚线	粗	— — — —	b	不可见的钢筋、螺栓线,结构平面图中的不可见的单线结构构件线及钢、木支撑线
	中粗	— — — —	$0.7b$	结构平面图中的不可见构件、墙身轮廓线及不可见钢、木构件轮廓线、不可见钢筋线
	中	- - - - -	$0.5b$	结构平面图中的不可见构件、墙身轮廓线及不可见钢、木构件轮廓线、不可见钢筋线
	细	- - - - -	$0.25b$	基础平面图中的管沟轮廓线、不可见的钢筋混凝土构件轮廓线
单点长画线	粗	—·—·—	b	柱间支撑、垂直支撑、设备基础轴线图中的中心线
	细	—·—·—	$0.25b$	定位轴线、对称线、中心线
双点长画线	粗	—··—··	b	预应力钢筋线
	细	—··—··	$0.25b$	原有结构轮廓线
折断线		——/\——	$0.25b$	断开界线
波浪线		∿∿∿	$0.25b$	断开界线

2. 比例

根据结构施工图图样的用途、被绘物体的复杂程度,应选用表8-2的常用比例,特殊情况下也可选用可用比例,通常情况下一张图样应选用同一种比例。

表 8-2　结构施工图比例的选用

图　　名	常 用 比 例	可 用 比 例
结构平面图、基础平面图	1：50、1：100、1：150	1：60、1：200
圈梁平面图、总图中管沟、地下设施等	1：200、1：500	1：300
详　图	1：10、1：20、1：50	1：5、1：30、1：25

三、常用构件代号

为了图示简便,结构施工图中构件的名称一般用代号来表示,代号后应用阿拉伯数字标注该构件的型号或编号,也可为构件的顺序号。构件的顺序号采用不带角标的阿拉伯数字连续编排。常用构件代号是用各构件名称的汉语拼音第一个字母表示的。《建筑结构制图标准》(GB/T 50105—2010)规定的常用构件代号见表8-3。

表 8-3　常用构件代号

序号	名　称	代号	序号	名　称	代号	序号	名　称	代号
1	板	B	19	圈梁	QL	37	承台	CT
2	屋面板	WB	20	过梁	GL	38	设备基础	SJ
3	空心板	KB	21	连系梁	LL	39	桩	ZH
4	槽形板	CB	22	基础梁	JL	40	挡土墙	DQ
5	折板	ZB	23	楼梯梁	TL	41	地沟	DG
6	密肋板	MB	24	框架梁	KL	42	柱间支撑	ZC
7	楼梯板	TB	25	框支梁	KZL	43	垂直支撑	CC
8	盖板或沟盖板	GB	26	屋面框架梁	WKL	44	水平支撑	SC
9	挡雨板或檐口板	YB	27	檩条	LT	45	梯	T
10	吊车安全走道板	DDB	28	屋架	WJ	46	雨棚	YP
11	墙板	QB	29	托架	TJ	47	阳台	YT
12	天沟板	TGB	30	天窗架	CJ	48	梁垫	LD
13	梁	L	31	框架	KJ	49	预埋件	M-
14	屋面梁	WL	32	刚架	GJ	50	天窗端壁	TD
15	吊车梁	DL	33	支架	ZJ	51	钢筋网	W
16	单轨吊车梁	DDL	34	柱	Z	52	钢筋骨架	G
17	轨道连接	DGL	35	框架柱	KZ	53	基础	J
18	车挡	CD	36	构造柱	GZ	54	暗柱	AZ

注:(1) 预制钢筋混凝土构件、现浇钢筋混凝土构件、钢构件和木构件,一般可直接采用本附录中的构件代号。在绘图中,除混凝土构件可以不注明材料代号外,其他材料的构件可在构件代号前加注材料代号,并在图纸中加以说明。

(2) 预应力钢筋混凝土构件的代号,应在构件代号前加注"Y",如Y-DL表示预应力钢筋混凝土吊车梁。

四、钢筋混凝土基本知识

混凝土由水泥、砂子、石子和水四种材料按一定比例配合搅拌而成,把它灌入由模板构成的模型内,经振捣密实和养护,经过一段时间凝固后就形成坚硬如石的混凝土构件。由于混凝土硬化后期性能和石头相似,所以也称之为人造石。混凝土具有自重大、耐火、耐水、耐腐蚀、导热系数大、造价低廉等特点,可浇筑成不同形状的构件,是目前建筑材料中使用最广泛的建筑材料。混凝土的抗压强度高,但抗拉强度较低,如图 8-2(a)所示当其作为受拉构件时,在受拉区容易出现裂缝,导致构件断裂。如图 8-2(b)所示,为了提高混凝土构件的抗拉能力,常在混凝土构件的受拉区域内配置一定数量的钢筋,因为钢筋不但具有良好的抗拉强度,而且与混凝土有良好的黏结力,其热膨胀系数与混凝土相近。这种配有钢筋的混凝土,叫作钢筋混凝土,其中钢筋承受拉力,混凝土承受压力,共同发挥作用。

用钢筋混凝土捣制成的梁、板、柱、基础等构件,称为钢筋混凝土构件。钢筋混凝土构件在工地现场直接浇筑而成的,称为现浇钢筋混凝土构件;而在施工现场以外的工厂(或工地)预先把构件制作完成,然后运输到工地进行吊装的,称为预制钢筋混凝土构件。此外,有的构件在制作时通过张拉钢筋对混凝土施加一定的压力,以提高构件的抗拉和抗裂性能,这种构件称为预应力钢筋混凝土构件。

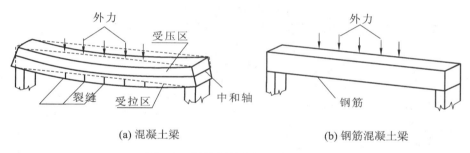

(a) 混凝土梁   (b) 钢筋混凝土梁

图 8-2　钢筋混凝土梁受力示意图

1. 混凝土的强度等级和常用钢筋种类

1)混凝土的强度等级

按照 GB 50010—2010《混凝土结构设计规范》规定混凝土按其立方体抗压强度标准值划分为 C15、C20、C25、C30、C35、C40、C45、C50、C55、C60、C65、C70、C75、C80 等十四个强度等级,数字越大,表明混凝土的抗压强度越高。影响混凝土强度等级的因素主要有水泥等级和水灰比、集料、龄期、养护温度和湿度等有关。不同工程或用于不同部位的混凝土,根据要求的不同,除普通混凝土外还有细石混凝土、抗渗混凝土、防冻混凝土等特制品。对其强度标号的要求也不一样。混凝土分工厂预拌混凝土(商品混凝土)和现场自拌混凝土。

2)常用钢筋的种类与符号

热轧钢筋是建筑工程中用量最大的钢筋,主要用于钢筋混凝土和预应力钢筋混凝土的配筋。钢筋有光圆钢筋和带肋钢筋,热轧光圆钢筋的牌号是 HPB300,常用带肋钢筋牌号有

HRB335、HRB400、HPB500 等。在 GB 50010—2010《混凝土结构设计规范》中,对钢筋的标注按其产品种类不同分别给予不同的符号,如表 8-4 所示。对于有抗震等级为一、二、三级的框架和斜撑构件(含梯段),其纵向受力钢筋应采用 HRB335E、HRB400E 钢筋。

表 8-4　常用钢筋种类

种　　类		符　　号	d/mm
热轧钢筋	HPB300	ϕ	6～14
	HRB335	$\underline{\phi}$	6～14
	HRBF335	$\underline{\phi}^{\text{F}}$	
	HRB400	$\underline{\phi}$	6～50
	HRBF400	$\underline{\phi}^{\text{F}}$	
	RRB400	$\underline{\phi}^{\text{R}}$	
	HRB500	$\underline{\Phi}$	6～50
	HRBF500	$\underline{\Phi}^{\text{F}}$	

2. 钢筋的名称与作用

配置在钢筋混凝土结构中的钢筋,如图 8-3 所示,按其所起作用的不同分为以下几类。

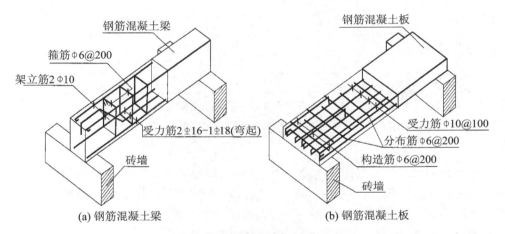

(a) 钢筋混凝土梁　　　　　　　　(b) 钢筋混凝土板

图 8-3　钢筋混凝土构件中钢筋的分类

1)受力筋

受力筋是承受拉或压力的钢筋。用于梁、板、柱等各种钢筋混凝土构件。钢筋的直径和数量根据构件受力大小计算。承受构件中的拉力称为受拉筋。在梁、柱构件中有时还要配置承受压力的钢筋,称为受压筋。受力筋按形状分为直筋和弯筋。

2)箍筋

箍筋常用于梁和柱内,是承受剪力或扭力的钢筋,同时用来固定受力筋的位置。一般沿构件横向或纵向等距离均匀布置。

3）架立筋

架立筋布置在梁与受力筋、箍筋一起构成钢筋的骨架。

4）分布筋

分布筋常用于屋面板、楼板内，与板的受力筋垂直布置，用于固定受力筋的位置，与受力筋构成钢筋网，将承受的重量均匀地传给受力筋，并抵抗热胀冷缩所引起的变形。

5）构造筋

构造筋是因构件的构造要求或施工安装需要配置的钢筋，如预埋锚固筋、吊环等。

3. 保护层与弯钩

钢筋混凝土构件的钢筋不能外露，为了保护钢筋且能够防锈、防火、防腐蚀，加强钢筋与混凝土的连接力，在钢筋的外边缘与构件表面之间应留有一定厚度的混凝土，这层混凝土称为保护层。结构图上一般不标注保护层的厚度，但 2010 年《混凝土结构设计规范》8.2.1 条中规定纵向受力的普通钢筋及预应力钢筋，其混凝土保护层厚度不应小于钢筋的公称直径，且应符合依据构件所处的环境类别和混凝土强度等级所作的规定，参考表 8-5。一般设计中是采用最小值的。

表 8-5　钢筋混凝土构件的保护层　　　　　　　　　　　　　　　　　单位：mm

环 境 类 别	墙、板、壳	梁、柱
一	15	20
二 a	20	30
二 b	25	35
三 a	30	40
三 b	40	50

注：(1) 混凝土强度等级不大于 C25 时，表中保护层厚度数值应增加 5 mm；

　　(2) 钢筋混凝土基础宜设置混凝土垫层，其受力钢筋的混凝土保护层厚度应从垫层顶面算起，且不应小于 40 mm。

为了使钢筋和混凝土具有良好的黏结力，应将光圆钢筋两端做成半圆弯钩或直弯钩；带肋钢筋与混凝土的黏结力强，两端可不做弯钩。钢箍两端在交接处也要做出弯钩。弯钩的常见形式和画法如图 8-4 所示。图 8-4(a)所示的光圆钢筋弯钩，分别标注了弯钩的尺寸；图 8-4(b)仅画出了箍筋的简化画法，箍筋弯钩的长度，一般分别在两端各伸长 50 mm 左右；图 8-4(c)用弯钩的方向表示出钢筋在构件中的位置。

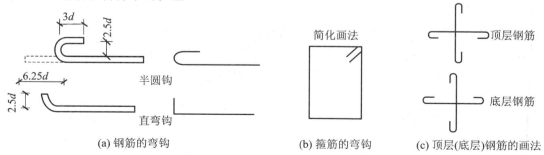

　　(a) 钢筋的弯钩　　　　　　　　(b) 箍筋的弯钩　　　　(c) 顶层(底层)钢筋的画法

图 8-4　钢筋和箍筋的弯钩

4. 钢筋混凝土构件的图示方法

1）图示方法

从钢筋混凝土结构的外观只能看到混凝土的表面及其外形,而看不到内部的钢筋及其布置。为了突出表达钢筋在构件内部的配置情况,通常假定混凝土为透明体,并对构件进行投影,绘制出构件的配筋图。配筋图由立面图和断面图组成。在立面图中,构件的轮廓线用中粗实线画出,钢筋则用粗实线表示;在断面图中,剖到的钢筋圆截面画成黑色圆点,其余未剖到的钢筋用粗实线表示,并规定不画材料图例。施工图中应标注出钢筋的类别、形状、数量、直径及间距等。GB/T 50103—2010《建筑结构制图标准》规定了钢筋的表示方法,如表 8-6 所示。

表 8-6　钢筋的表示方法

序 号	名 称	图 例	说 明
1	钢筋横断面	●	
2	无弯钩的钢筋端部	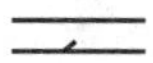	下图表示长、短钢筋投影重叠时,短钢筋的端部用 45°斜画线表示
3	带半圆形弯钩的钢筋端部		
4	带直钩的钢筋端部		
5	带丝扣的钢筋端部		
6	无弯钩的钢筋搭接		
7	带半圆弯钩的钢筋搭接		
8	带直钩的钢筋搭接		
9	机械连接的钢筋接头		用文字说明机械连接的方式

对于外形比较复杂的或设有预埋件的构件,还需另画出模板图。模板图是表示构件外形和预埋件位置的图样,图中标注出构件的外形尺寸(也称模板尺寸)和预埋件型号及其定位尺寸,它是制作构件模板和安放预埋件的依据。对于外形比较简单又无预埋件的构件,因在配筋图中已标注出构件的外形尺寸,则不需画出模板图。

GB/T 50103—2010《建筑结构制图标准》要求钢筋的画法应符合表 8-7 所示的规定。

表 8-7　钢筋的画法

序号	说 明	图 例
1	在结构平面图中配置双层钢筋时,底层钢筋的弯钩应向上或向左,顶层钢筋的弯钩应向下或向右	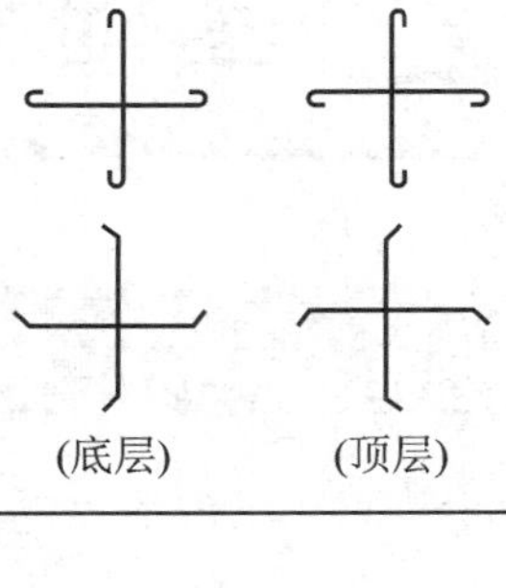 (底层)　　(顶层)

续表

序号	说　明	图　例
2	钢筋混凝土墙体配置钢筋时,在配筋立面图中,远面钢筋的弯钩应向上或向左,而近面钢筋的弯钩向下或向右。(近面:JM;远面:YM)	
3	在断面图中不能表达清楚的钢筋布置,应在断面图外增加钢筋大样图(如钢筋混凝土墙、楼梯等)	
4	图中所表示的箍筋、环筋等若布置复杂时,可加画钢筋大样及说明	
5	每组相同的钢筋、箍筋或环筋,可用一根粗实线表示,同时用一两端带斜短画线的细线横穿,表示其余钢筋及起止范围	

2)钢筋的标注

钢筋的直径、根数或相邻钢筋中心距一般采用引出线方式标注,其标注形式及含义如下:

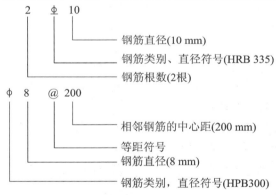

任务 2 基础平面图及详图

一、基础的基本知识

基础是位于建筑物室内地坪以下的承重构件,它承受建筑物的全部荷载,并将荷载均匀地传递给基础下部的地基。基础的组成如图 8-5 所示。基坑是基础施工前开挖的土坑;基底(坑底)是基础的底面;基坑边线是基础开挖前测量的放线基线;垫层把荷载均匀地传递给基础下部的地基的结合层;大放脚是把上部荷载分散传递给垫层的砖基础的扩大部分,使地基的单位面积所承受的压力减小;基础墙为室内地坪以下部分的砖结构;防潮层用于防止水对基础墙体的侵蚀,所以在室内地坪以下 60 cm 处的位置设置能防水的建筑材料。

　　基础的形式一般取决于上部承重结构的形式和地基等情况,常用的形式有条形基础、独立基础、联合基础、箱形基础、筏板基础和桩基础等。如图 8-6(a)所示条形基础一般用于砖混结构的墙下,是连续的带状基础,是墙基础的基本形式;如图 8-6(b)所示独立基础常用于钢筋混凝土结构的基础。工程中常用的基础按材料不同包括砖基础、混凝土基础和钢筋混凝土基础等。

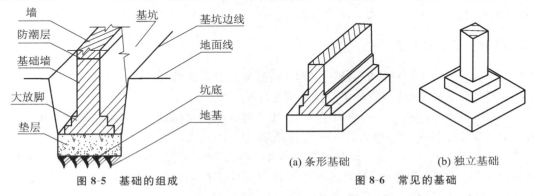

图 8-5　基础的组成　　　　(a) 条形基础　　　(b) 独立基础
　　　　　　　　　　　　　　　　　图 8-6　常见的基础

二、基础结构图的组成

　　基础结构图是表示建筑物室内地坪以下(即相对标高±0.000 以下)基础部分的平面布置和详细构造的图样,是建筑施工过程中确定基坑边线,进行基础的砌筑或浇筑的依据。一般包括基础平面图和基础详图。如地基需处理,还应有基础加固图,如桩位平面图及详图等。

三、基础平面图

1. 基础平面图的形成与作用

　　基础平面图是假想用一个水平剖切面沿建筑物的底层室内地面与基础之间把整幢建筑物剖开后,移去剖切面以上的建筑物及基础回填土后,向下正投影所作出的基础水平剖面图。

　　基础平面图主要是表示基础的平面布置以及墙柱与轴线的关系,为施工放线、开挖地基和砌筑基坑提供依据。

2. 基础平面图的识读要点

　　(1) 了解基础平面图的图名、比例。基础平面图的比例一般采用 1∶50 或 1∶200、1∶100。

　　(2) 结合建筑平面图,了解基础平面图的纵横向定位轴线及编号、轴线尺寸。明确墙体轴线的位置,是对称轴线还是偏轴线,如果是偏轴线,要注意宽边、窄边的位置,以及尺寸。

（3）了解基础墙、柱等的平面布置，基础底面形状、大小及其与轴线的关系。

（4）确认基础梁（地圈梁）的位置以及代号。从图纸中可知哪些部位有梁，根据代号可以统计梁的种类、数量和查看梁的详图。

（5）了解基础类型、平面尺寸以及基础编号，了解基础断面图的剖切位置线及其编号。

（6）基础平面图中须注明基础的定形尺寸和定位尺寸。基础的定形尺寸即基础墙的宽度，柱外形尺寸以及它们的基础底面尺寸，这些尺寸可直接标注在基础平面图上，也可以用文字加以说明和用基础代号等形式标注。基础代号注写在基础剖切线的一侧，以便在相应的基础详图中查到基础底面的宽度。基础的定位尺寸也就是基础墙（或柱）的轴线尺寸。

（7）通过施工说明，了解基础所用材料的强度等级、防潮层做法、设计依据、基础的埋置深度、室外地面的绝对标高以及施工注意事项等情况。

3. 基础平面图的识读

如图 8-7 所示为砌体结构的基础平面图，根据图纸识读要求可知以下几点。

（1）图名为基础平面图，所采用比例为常用比例 1∶100。

（2）基础平面图横向定位轴线为①～⑦，其中有 3 根附加轴线，纵向定位轴线为Ⓐ～Ⓕ，根据图中文字说明了解定位轴线为对称轴线，基础墙厚 240 mm。

（3）查阅基础平面图可以了解该基础共有 11 种不同宽度的基础 $J_1 \sim J_{11}$ 以及有 4 种不同长度的基础梁 $JL_1 \sim JL_4$（见表 8-8），基础其他构件包括基础圈梁 JQL、构造柱 GZ 以及柱 Z。

（4）基础的代号均注写在基础剖切线的上方，如 $J_1 - J_1$ 等。

（5）图纸中尺寸包括轴线尺寸和基础构件定形尺寸。

4. 基础平面图作图方法

1）基础平面的画图步骤

（1）画出与建筑平面图相一致的轴线网。

（2）画出基础墙、柱、基础梁以及基础底部的边线。

（3）画出其他的细部结构。

（4）在不同断面图位置标出断面剖切符号。

（5）标出轴线间的尺寸、定形尺寸、总尺寸以及其他尺寸。

（6）标写文字说明。

2）基础平面图的作图注意事项

（1）基础平面图应标注出与建筑平面图相一致的定位轴线编号和轴线尺寸。

（2）在基础平面图中，只需画出基础墙、柱的轮廓线以及基础底面的轮廓线。基础细部的轮廓线则可省略不画，这些细部形状可反映在基础详图中。基础墙和柱的轮廓由于是直接剖到的，因此应画成粗实线，钢筋混凝土柱涂成黑色，基础底面的轮廓线是可见轮廓线，则画成中实线，并用粗点画线表示基础梁或基础圈梁的中心线位置。

（3）在基础平面图中凡基础的宽度、墙厚、大放脚形式、基底标高及尺寸等做法有不同时，常分别采用不同的剖面详图和剖面编号予以表示。

（4）当基础墙上留有管洞时，应用虚线表示其位置，具体做法及尺寸另用详图表示。

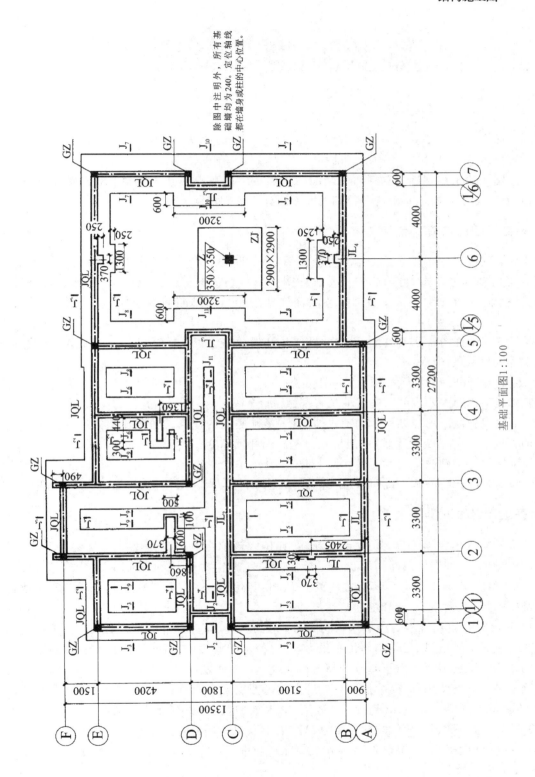

基础平面图 1:100

图 8-7 基础平面图

四、基础详图

1. 基础详图的形成与作用

基础平面图仅表明了基础的平面布置,而基础各部分的形状、大小、材料、构造以及基础的埋置深度等均未表示,所以需要画出基础详图,作为砌筑基础的依据。

基础详图一般采用基础垂直剖切的断面图来表示。在基础的某一处用假想的侧平面或正平面,沿垂直于轴线方向把基础剖开得到的断面图即为基础详图。

2. 基础详图的识读要点

(1)了解基础详图的图名和比例,图名常用 1—1 断面、2—2 断面等或用基础代号表示,根据图名可与基础平面图对照,确定该基础详图是哪一条基础上的断面。基础详图的比例常用较大的比例 1∶20 或 1∶50 来绘制,可以详细地表示出基础断面的形状、尺寸以及与轴线的关系。

(2)了解基础详图轴线及其编号,确定轴线与基础各部位的相对位置,表明基础墙、大放脚、基础圈梁等与轴线的位置。

(3)明确基础断面形状、大小、材料以及配筋等。

(4)在基础详图中要表明防潮层的位置和做法。

(5)了解基础断面的详细尺寸和室内外地坪、基础底面的标高。基础详图的尺寸用来表示基础底的宽度以及与轴线的关系,也能反映出基础的埋置深度和大放脚尺寸。

(6)基础梁和基础圈梁的截面尺寸及配筋。

(7)阅读基础详图的施工说明,可了解对基础施工的具体要求。

3. 基础详图的识读

图 8-8 所示为承重墙的基础(包括基础梁)详图。该承重墙基础是钢筋混凝土条形基础。由于条形基础的 11 种类型的断面形状和配筋形式是类似的,因此只需要画出一个通用断面图,再以列表的形式(见表 8-8)列出基础底面宽度 B 和基础受力筋①(基础梁受力筋②),就能把各个条形基础的形状、大小、构造和配筋表达清楚了。

如图 8-8 所示,钢筋混凝土条形基础底面下铺设 70 mm 厚混凝土垫层。垫层的作用是使基础与地基有良好的接触,以便均匀地传布压力,并且使基础底面的钢筋不直接与泥土接触,以防止钢筋的锈蚀。钢筋混凝土条形基础的高度由 350 mm 向两端减小到 150 mm。带半圆形弯钩的横向钢筋是基础的受力筋,受力筋上均匀分布的黑圆点是纵向分布$\phi16@250$。基础墙底部两边各放出宽 65 mm、高 120 mm(包括灰缝厚度)的大放脚,以增加基础墙承压面积。基础墙、基础、垫层的材料规格和强度等级均在施工总说明中予以说明。为防止地下水的渗透。在室内地坪以下 30 mm 处设有 60 mm 厚、C20 防水混凝土的防潮层(JCL),并配置纵向钢筋 $3\phi8$ 和横向分布筋$\phi4@300$。

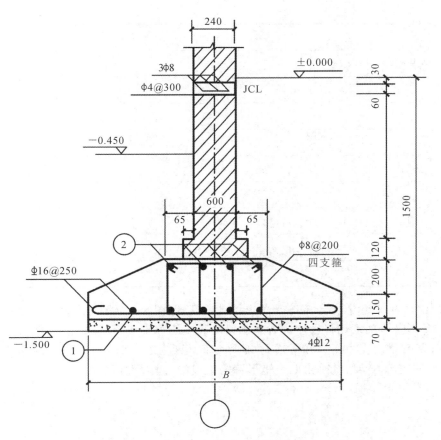

J详图 1 : 20

图 8-8　钢筋混凝土条形基础

表 8-8　基础与基础梁

J		
基础	宽度 B	受力筋①
J₁	800	素混凝土
J₂	1000	Φ8@200
J₃	1300	Φ8@150
J₄	1400	Φ10@200
J₅	1500	Φ10@170
J₆	1600	Φ12@200
J₇	1800	Φ12@180
J₈	2200	Φ12@150
J₉	2300	Φ14@180

J		
基础	宽度 B	受力筋①
J_{10}	2400	ф14@170
J_{11}	2800	ф16@180
JL		
基础梁	梁长 L	受力筋②
JL_1	2800	4ф18
JL_2	3500	4ф22
JL_3	2040	4ф14
JL_4	8240	4ф25

基础梁(JL)的高度,若小于或等于条形基础的高度(图 8-8 所示高度相等),则基础梁的配筋可直接画在条形基础的通用详图中。各基础梁的高度均等于条形基础高度,即 350 mm,宽度为 600 mm。各基础梁的受力筋②和梁长 L(即受力筋和架立筋 4ф12 的长度)在表 8-8 中列出。图 8-8 中所注的四支箍ф8@200 是由两个矩形箍筋组成的,如图 8-9 所示。

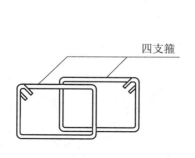
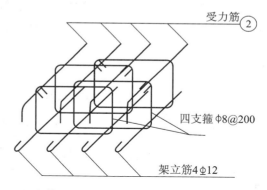

图 8-9　四支箍

图 8-10 所示为楼梯的基础详图。由于建筑荷载较小,基础宽度只有 500 mm,所以采用不配置钢筋的素混凝土基础。当条形基础的宽度小于 900 mm 时,都可采用素混凝土基础。如表 8-8 中的条形基础 J_1,其宽度为 800 mm,故也采用了素混凝土基础。

图 8-11 所示为柱 Z 下的钢筋混凝土独立基础(ZJ)的详图。基础底面为 2900 mm×2900 mm 的正方形,下面同样铺设 70 mm 厚的混凝土垫层。柱基为 C20 混凝土,双向配置ф12@150 钢筋(纵、横两个方向配筋相同)。在柱基内预插 4ф22 钢筋,以便与柱子钢筋相搭接,其搭接长度为 1100 mm。在钢筋搭接区内的箍筋间距ф6@100 比柱子箍筋间距ф6@200 要适当加密。在柱独立基础高度范围内至少应布置两道箍筋。

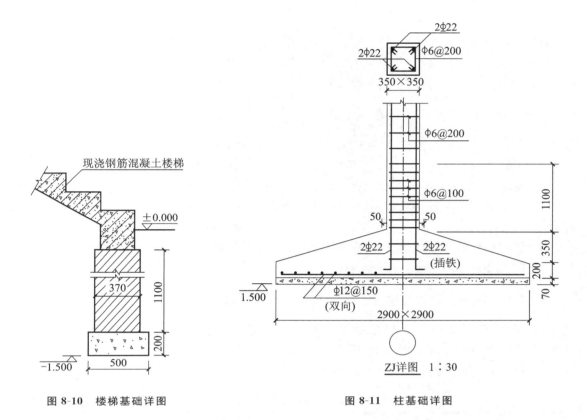

图 8-10 楼梯基础详图

图 8-11 柱基础详图

任务 3 楼层及屋面结构平面图

楼层结构平面图以及屋面结构平面图是表示建筑物室外地坪以上各层楼面及屋顶承重构件平面布置的图样。因为楼层结构平面图与屋面结构平面图的图示方法完全相同,所以本章节中以楼层结构平面图为例来说明楼层结构平面图和屋面结构平面图的识读方法。

一、楼层结构平面布置图

1. 楼层结构平面图的形成与作用

楼层结构平面图是假想用一个水平的剖切平面从楼板层中间水平将建筑物剖开后所作的楼层水平投影。它是用来表示每层的梁、板、柱、墙等承重构件的平面布置,说明各构件在房屋中的位置和它们之间的构造关系,以及现浇楼板的构造和配筋情况。楼层结构平面图为施工过程中安装柱梁、板等各构件提供依据,同时它也是现浇构件支模板、绑扎钢筋、现浇混凝土的依据。

楼层结构布置平面图中可见的钢筋混凝土楼板的轮廓线用细实线表示,剖切到的墙身轮廓线用中实线表示,被楼板挡住而看不见的梁、柱、墙用虚线表示,剖切到的钢筋混凝土柱用涂黑表示,各种梁的中心线位置用粗点画线表示。

2. 楼层结构平面图识读要点

(1)了解图名和比例。楼层结构平面图与建筑平面图、基础平面图的比例相一致。

(2)了解结构类型。对应建筑平面图与楼层结构平面图的轴线,明确主要构件如梁、柱的平面位置与标高,并与建筑平面图相结合了解各构件的位置和标高对应的情况。

(3)了解楼面及各种梁底面(或顶面)的结构标高与建筑标高相对应的情况,了解装修层厚度。

(4)了解板的平面布置、钢筋配置及预留孔洞大小和位置。

(5)阅读楼面结构平面图施工说明。

3. 楼层结构平面图的识读

预制装配式结构中常用构件板、过梁、楼梯、阳台等常采用国家或各地制定的标准图集,在读图时应先了解构件代号的含义,然后再看结构布置平面图。施工图中标识的代号可以反映板的类型、尺寸和数量等相关参数,如表8-9所示。

表8-9 空心板代号意义

板 长 代 号	板的标志长度/mm	板 宽 代 号	板的标志宽度/mm	荷载等级代号	荷载允许设计值/(kN/m²)
24	2400	5	500	1	4.0
27	2700	6	600		
30	3000	7	700	2	7.0
⋮	⋮	9	900	3	10.0
42	4200	12	1200		

一般情况板长在4200 mm以内,厚度为120 mm;板长在4500 mm～6000 mm时,厚度为180 mm。

钢筋混凝土过梁的注写方式如下所示。

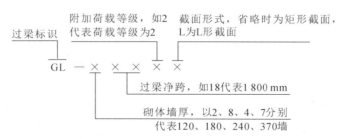

下面以图 8-12 为例,说明预制装配式楼层结构布置图的基本内容。图中⑬轴线上标有"GL-4102"的粗单点长画线,表示该处门洞口上方有一根过梁,过梁所在的墙厚为 240 mm,净跨度(洞口宽度)为 1 000 mm,荷载等级为 2 级;外墙轴线上的粗单点长画线表示圈梁,编号为"QL",截面尺寸为 240×240;细实线绘制的矩形线框表示钢筋混凝土预制板,常见的类型有平板、槽形板和空心板,由于预制楼板大多数是选用标准图集,因此,在施工图中应标明预制板的代号、跨度、宽度及所能承受的荷载等级,如图中"3Y-KB395-3"表示 3 块预应力空心板,板跨度为 3900 mm,宽度为 500 mm(常用板宽为 500 mm、600 mm 和 900 mm 等),荷载等级为 3 级。

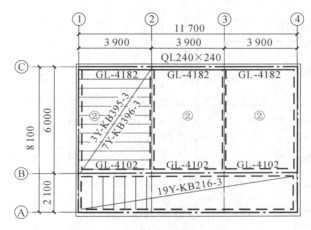

图 8-12　楼层结构的局部平面图

如图 8-13 所示是某建筑三层结构平面布置图。从图 8-13 中可以看出,该楼为砖墙与钢筋混凝土梁板组成的砌体结构,其中有现浇和预制楼板(YKB)两种板的形式。楼梯间、卫生间、走廊及阳台均采用现浇板,并在图中标注了现浇板中的钢筋布置情况。由于有较大空间的房间,故在横向②、③、⑤、⑥、⑦、⑧轴线处设有梁,编号如图所示。建筑物纵向位于横向⑥、⑦轴线间除了有梯梁与普通直线梁外,还设有曲线梁 L-12。在纵向①轴线楼梯间处,设有过梁 GL-2。这些梁的具体配筋情况另作结构详图表示。图中涂黑的部分除了标注的柱 Z-1、Z-2 以外,其余均为构造柱。

图中还绘制了各个房间的预制板的配置。预制板的标注一般按地方标准图集规定的表示方式标注,各地方的表示方式并不完全一致,实际作图时应根据相关要求进行标注。

二、屋顶结构平面布置图

屋顶结构平面布置图是表示屋面承重构件平面布置的图样,其图示内容与表达方法与楼层结构布置平面图基本相同,包括屋面板、天沟板、屋架、天窗架及支撑系统布置等。为了表示屋面的排水坡度及檐口形状,在平面图中,通常还画出屋面板和檐沟的断面图。

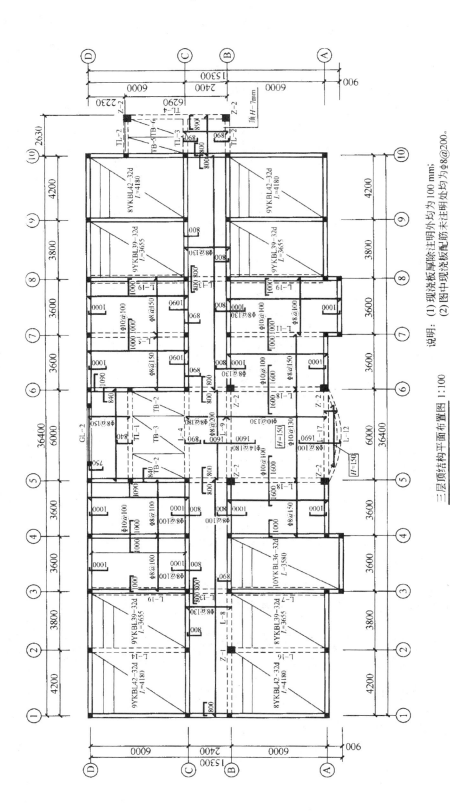

三层顶结构平面布置图 1:100

说明：（1）现浇板厚除注明外均为100 mm；
　　　（2）图中现浇板配筋未注明处均为Φ8@200。

图 8-13　楼层结构平面布置图

任务 **4** 钢筋混凝土构件结构详图

钢筋混凝土构件是建筑工程中的主要结构构件,如梁、板、柱、屋架等。在结构平面图中只表示出建筑物各承重构件的布置情况,至于其形状、大小、材料、构造和连接情况等则需要分别画出各承重构件的结构详图来表示。钢筋混凝土构件是由混凝土和钢筋两种材料浇筑而成,钢筋混凝土构件详图是加工制作钢筋、浇筑混凝土的依据。一般包括配筋图(立面图和断面图)、钢筋详图、钢筋表和文字说明。在画钢筋混凝土构件立面图时,把混凝土构件看成是透明体,构件外轮廓用细实线表示,用粗实线表示钢筋,在断面图中用黑色圆点表示钢筋的断面,箍筋用粗实线表示。配筋图是钢筋下料、绑扎的重要依据。在构件详图中各种钢筋都用符号表示其种类,并注明钢筋的根数、直径等内容。在钢筋用量表中标明钢筋编号、直径、钢筋简图、钢筋长度、根数、总长度和总重量等内容。

一、钢筋混凝土柱

如图 8-14 所示是现浇钢筋混凝土柱 Z 的立面图和断面图。该柱从柱基础至一层楼面。柱身为正方形断面 350 mm×350 mm。如图 8-14 中 1—1 断面所示受力筋为 4Φ22,下端与柱基插铁搭接,搭接长度为 1 100 mm。受力筋搭接区的箍筋间距需适当加密为Φ6@100;其余箍筋均为Φ6@200。

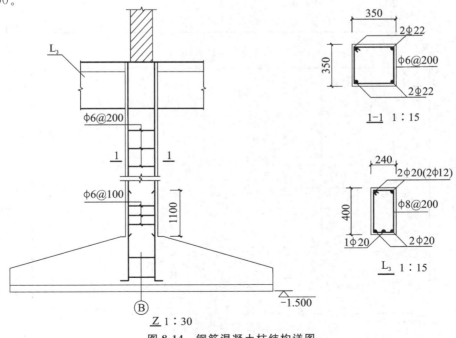

图 8-14 钢筋混凝土柱结构详图

在柱 Z 的立面图中还画出了柱连接的楼面梁 L₃ 的局部外形立面。其断面形状和配筋如图 8-14 中右侧梁 L₃ 断面图所示。

二、钢筋混凝土梁

如图 8-15 所示为钢筋混凝土梁的结构图,包括立面图、断面图、钢筋详图和钢筋表。

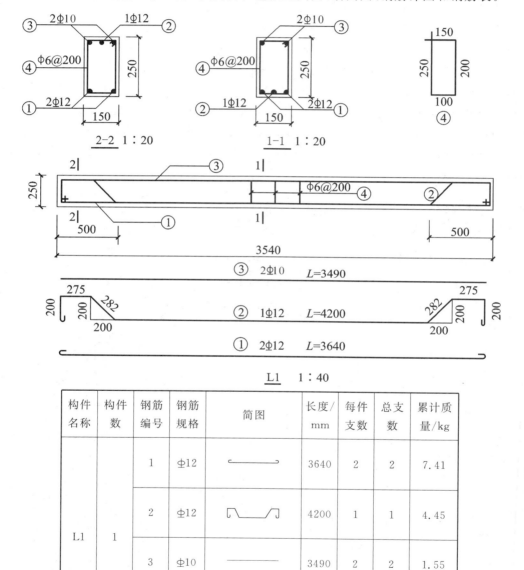

图 8-15 钢筋混凝土梁的结构图

构件名称	构件数	钢筋编号	钢筋规格	简图	长度/mm	每件支数	总支数	累计质量/kg
L1	1	1	Φ12		3640	2	2	7.41
		2	Φ12		4200	1	1	4.45
		3	Φ10		3490	2	2	1.55
		4	Φ6		700	18	18	2.60

梁的立面图表达了梁的外形尺寸，各类钢筋的规格、根数和纵向位置，弯起筋的弯起部位，箍筋的排列和间距。由立面图可知，该梁共有 4 种钢筋：①号钢筋通长配置在梁的下部，端部有半圆形弯钩；②号钢筋是弯起筋，其中间段位于梁的下部，在离梁端 500 mm 处弯起至梁的上部，弯起部位尺寸见钢筋详图，又在梁端垂直弯下至梁底；③号钢筋为架立筋，通长配置在梁的上部，两端有半圆形弯钩；④号钢筋是箍筋，沿梁全长排列中间间距为 200 mm。

断面图表达了梁的截面形状、各钢筋的横向位置和箍筋的形状。图中有 1—1、2—2 两个配筋断面图，其中 1—1 断面表达了梁中间段的配筋情况，在该部位梁的底部有 5 根受力钢筋，中间一根为②号钢筋，两侧分别为①号钢筋各两根；2—2 断面表达了梁两端的配筋情况，可以看出在该部位②号钢筋的一根钢筋已弯至梁上部，其他钢筋位置没有变化。

钢筋详图画在与立面图相对应的位置，从构件最上部的钢筋开始依次排列，并与立面图的同号钢筋对齐。同一编号钢筋只画一根，在钢筋线上标示了钢筋的编号、根数、种类、直径和单根下料长度。其中②号钢筋详图，还分别标注了钢筋的水平各段、弯起段、垂直段的长度，以便于钢筋的加工。

为了便于钢筋用量的统计、下料和加工，通常在构件图中列出钢筋表。钢筋表中根据钢筋编号，画出钢筋简图，表明各钢筋的代号、直径、单根长、根数以及总长等内容，钢筋表的项目可以根据需要增减。简单的构件可不画钢筋详图和钢筋表。

三、钢筋混凝土板

钢筋混凝土板分现浇和预制两种。

钢筋混凝土板详图一般由平面图和节点断面图组成。平面图主要表示钢筋混凝土板的形状和板中钢筋的布置、定位轴线及尺寸、断面图的剖切位置等。

图 8-16 中的雨棚位于横向③～④轴线和⑧～⑨轴线之间，纵向Ⓐ轴线之下，雨棚平面图呈矩形，长 3600 mm，宽 1850 mm，两端搁在现浇挑梁（XTL）上。板中下部有受力筋为Φ8@150，上部为Φ8@200，分布筋为Φ8@200，沿板四周设有长 600 mm，配筋为中Φ8@200 的板面构造筋。此外，该详图中还注有剖切符号 A—A 和 B—B，表明这两处还画有断面图。A—A 断面表达了雨棚板侧面的高度、厚度及板内配筋，B—B 断面图则表达了雨棚正立面斜板的形状和配筋等。

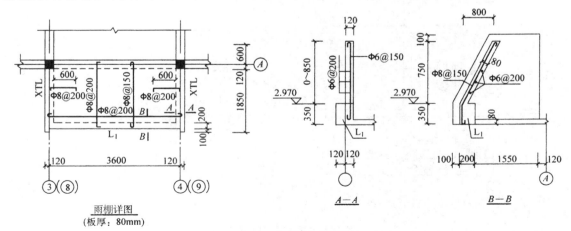

雨棚详图
（板厚：80mm）

图 8-16 雨棚大样图

任务 5 楼梯结构详图

楼梯结构详图包括楼梯结构平面图、楼梯结构剖面图和配筋图。

一、楼梯结构平面图

楼梯结构平面图主要是反映楼梯的各构件如楼梯梁、梯段板、平台板及楼梯间的门窗过梁等的平面布置、代号、形状、定位尺寸以及各构件的结构标高。

楼梯结构平面图的识读要点如下。

（1）楼梯结构平面图常用比例为 1：50，根据需要也可用 1：40、1：30 等。

（2）楼梯结构平面图中的轴线编号应与建筑施工图对应一致。剖切符号仅在底层楼梯结构平面图中标出。楼梯结构平面图是假想沿上一层楼平台梁剖切后所得的水平投影图，图中的不可见轮廓线画细虚线，可见轮廓线画细实线，剖切到的砖墙轮廓线用中粗实线表示。

（3）楼梯结构平面图的内容有楼梯板和楼梯梁的平面布置、构件代号、尺寸及结构标高。多层房屋应画出底层结构平面图、中间层结构平面图和顶层结构平面图。

如图 8-17 所示为楼梯结构平面布置图。从图中可以看出，平台梁 TL2 设置在①轴线上兼作楼层梁，底层楼梯平台通过平台梁 TL3 与室外雨棚 YPL、YPB 连成一体，楼梯平台是平台板 TB5 与 TL1、TL3 整体浇筑而成的，楼梯段分别为 TB1、TB2、TB3、TB4，它们分别与上、下的平台梁 TL1、TL2 整体浇筑，TB2、TB3、TB4 均为折板式楼段，其水平部分的分布钢筋连通而形成楼梯的楼层平台。楼梯结构平面图上还表示了双层分布钢筋④的布置情况。

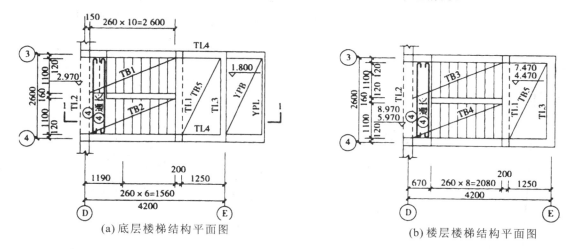

(a)底层楼梯结构平面图　　　　　　(b)楼层楼梯结构平面图

图 8-17　楼梯结构平面布置图

二、楼梯结构剖面图

楼梯结构剖面图表示楼梯承重构件的竖向布置、形状和连接构造等情况。

楼梯结构剖面图常用比例为 1∶50,根据需要也可用 1∶40、1∶30、1∶25、1∶20 等。如图 8-18 所示,表示了剖切到的踏步板、楼梯梁和未剖切到的可见的踏步板的形状和联系情况,也表示了剖切到的楼梯平台板和过梁。在楼梯结构剖面图中,应标注各构件代号,标注出楼层高度和楼梯平台梁等构件的结构标高以及平台板顶、平台梁底的结构标高。

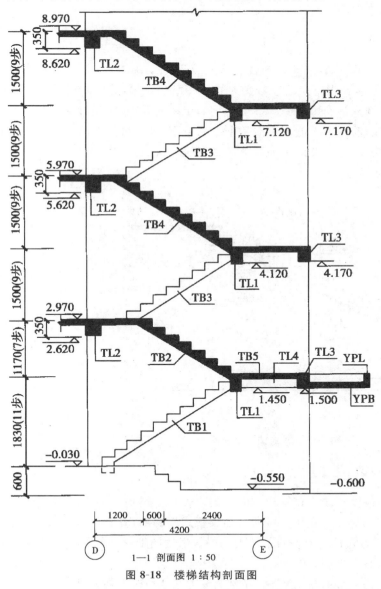

图 8-18 楼梯结构剖面图

由图 8-18 的 1—1 剖面图,并对照底层平面图 8-17 可以看出,楼梯采用的是"左上右下"的布置方法。梯段为长短跑设计,第一个梯段是长跑,第二个梯段是短跑。剖切在第二梯段一侧,因此在1—1剖面图中,短跑和与短跑平行的梯段、平台均剖切到,用涂黑方式表示其断面。长跑侧则只画其可见轮廓线用细线表示。

三、楼梯配筋图

板式楼梯和梁板式楼梯力的传递是不同的。板式楼梯力的传递是通过梯段板把力传给梯梁,而梁板式楼梯是通过梯段板将力传给斜梁,斜梁再将力传给梯梁,因此板式楼梯和梁板式楼梯的钢筋配置是不同的。

1.板式楼梯

板式楼梯配筋图表示楼梯板和楼梯平台梁的钢筋配置情况,可以采用用较大比例单独画出,如图8-19所示楼梯板下层的⑧号受力筋采用Φ10@130,②号分布筋采用Φ6@290。楼梯板端部上层配置⑨号构造钢筋Φ10@130。图中钢筋用粗实线表示,楼梯板和楼梯梁的轮廓线用细实线表示。如果在配筋图中不能表示清楚钢筋的布置,可以增画钢筋大样图即钢筋详图。

如图8-20所示为TL-2的配筋图。TL-2下部布置受力筋2Φ18,上部布置架立筋2Φ14,采用Φ6@200作为箍筋。

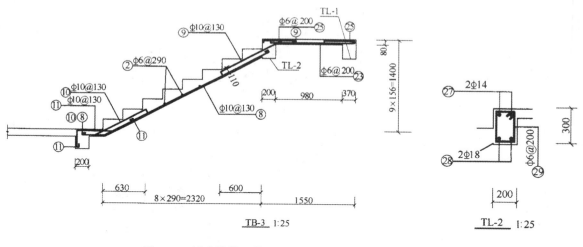

图 8-19 板式楼梯配筋图

图 8-20 TL-2 配筋图

2.梁板式楼梯

梁板式楼梯与板式楼梯在结构上的不同之处在于增加了斜梁配筋,楼梯板内的配筋也有相应变化,如图8-21所示。如图8-22所示为梁板式楼梯结构剖面图,从图中可看到斜梁的位置。

图8-23所示为梁板式楼梯斜梁的配筋图。识读图纸可知斜梁上部设架立筋2Φ14,下部设受力筋2Φ16,箍筋为Φ6@200。

图8-24所示为平台梁的配筋图。下部为受力筋2Φ16,上部为架立筋2Φ14,箍筋为Φ6@200。

图8-25所示为梯段板的配筋图。下部配置受力筋Φ8@200和分布筋Φ6@300。

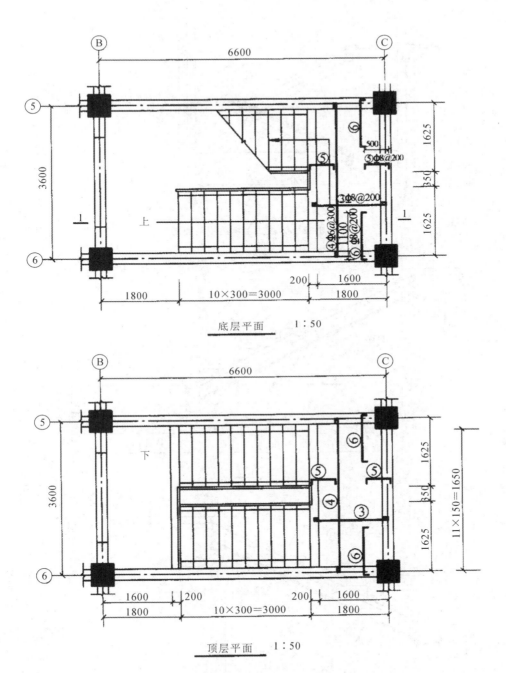

底层平面　　1：50

顶层平面　　1：50

图 8-21　梁板式楼梯结构平面布置图

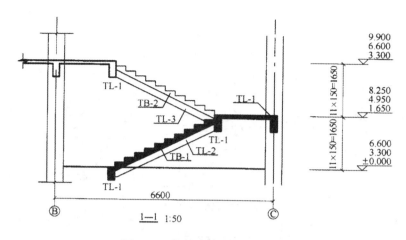

图 8-22　梁板式楼梯结构剖面图

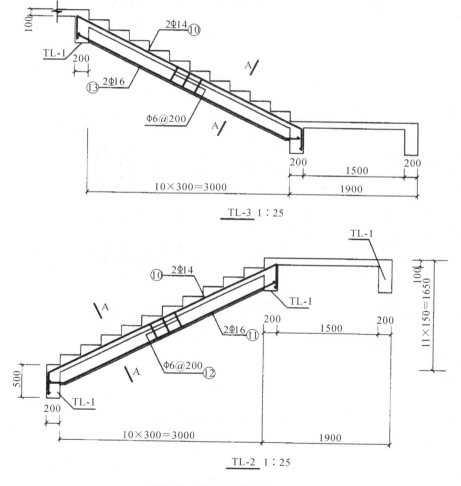

图 8-23　梁板式楼梯斜梁配筋图

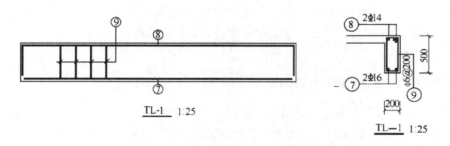

图 8-24　平台梁配筋图

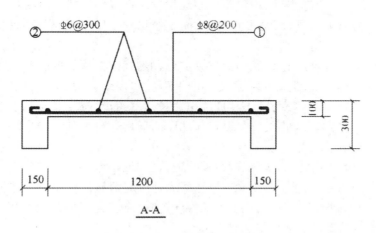

图 8-25　梯段板的配筋图

任务 6 钢筋混凝土结构施工图平面整体表示方法

一、概述

1. 基础知识

钢筋混凝土结构施工图平面整体表示方法简称平法,它的表达形式是把结构构件的尺寸和配筋等,按照平面整体表示方法的制图规则,整体直接表达在各类构件的结构平面布置图上,再与标准构造详图配合,即构成一套新型完整的结构设计图。

在平法绘制的结构施工图中,要将所有柱、墙、梁、板等构件进行编号,编号中含有类型代号和序号等,其中类型代号的主要作用是指明所选用的标准构造详图;在标准构造详图上,已经按其所属构件类型注明代号,以明确该详图与平法施工图中相同构件的互补关系,使两者结合构成完整的结构设计图;同时用表格或其他方式注明包括地下和地上各层的结构层楼地面标高、结构层高及相应的结构层号。平法图面简洁、清楚、直观性强,减少图纸数量,深受设计与施工人员的欢迎。

2. 平法制图与传统的图示方法的区别

平法制图与传统的图示方法相比较,有如下一些区别。

(1) 框架图中的梁、柱,施工图中只绘制梁、柱平面图,不绘制梁、柱中配置钢筋的立面图(梁不画断面图)。

(2) 传统框架图中不仅有梁平面图,同时也绘制梁中配置钢筋的立面图及其断面图,但是平法制图中的钢筋配置省略不画,而是去查阅《混凝土结构施工图平面整体表示方法制图规则和构造详图》。

(3) 传统的混凝土结构施工图,可以直接从其绘制的详图中读取钢筋配置尺寸,而平法制图则需要查找相应的详图——《混凝土结构施工图平面整体表示方法制图规则和构造详图》中的详图,而且钢筋的配置尺寸和大小尺寸,均以"相关尺寸"(跨度、锚固长度、钢筋直径等)为变量函数来表达,而不是具体数字,借此来实现其标准图的通用性。概括地说"平法制图"简化了混凝土结构施工图的内容。

(4) 平法制图中的突出特点,表现在梁的集中标注和原位标注上。"集中尺寸、箍筋直径、箍筋间距、箍筋支数、通长筋的直径和根数、梁侧面纵向构造钢筋或受扭钢筋的直径和根数等"。如果"集中标注"中有通长筋时,则"原位标注"中的负筋数包含通长筋的数量。

(5) 原位标注概括地说分为以下两种。

① 标注在柱子附近处,且在梁上方,是承受负弯矩的钢筋直径和根数,其钢筋布置在梁的上部。

② 标注在梁中间且下方的钢筋,是承受正弯矩的,其钢筋布置在梁的下部。

(6) 在传统混凝土结构施工图中,计算斜截面的抗剪强度时,在梁中配置45°或60°的弯起钢筋。而在平法制图中,梁不配置这种弯起钢筋,其斜截面的抗剪强度,由加密的箍筋来承受。

二、柱平法施工图的识读

柱平法施工图是在柱平面布置图上,采用截面注写方式或列表注写方式,只表示柱的截面尺寸和配筋等具体情况的平面图。它主要表达了柱的代号、平面位置、截面尺寸、与轴线的几何关系和钢筋配置等具体情况。框剪结构中柱也可与剪力墙平面布置图合并绘制。

1. 柱的平面表示方法

1) 截面注写方式

截面注写方式是指在柱平面布置图上,在相同编号的柱中,选择一个截面在原位放大比例绘制柱的截面配筋图,并在配筋图上直接注写柱截面尺寸和配筋具体情况的表达方式。因此在用截面注写方式表达柱的结构图时,应对每一个柱截面进行编号,相同柱截面编号应一致,在配筋图上应注写截面尺寸、角筋或全部纵筋、箍筋的具体数值以及柱截面与轴线关系,如图8-26中⑤轴线上的柱KZ3的表示方式。

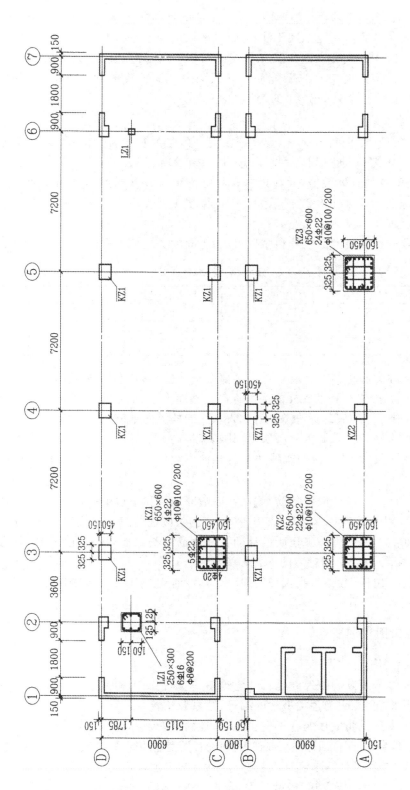

图 8-26 柱平法施工图截面注写方式

当纵筋采用两种直径时,须再注写截面各边中部筋的具体数值(对于采用对称配筋的矩形截面柱,可仅在一侧注写中部筋,对称边省略不注)。如图 8-26 中③、ⓒ轴线相交处的柱 KZ1 的表示方法。

在截面注写方式中柱的分段截面尺寸和配筋均相同,但分段截面与轴线的关系不同时,可将其编为同一柱号。但此时应在未画配筋的柱截面上注写该柱截面与轴线关系的具体尺寸。如图 8-26 中④、①轴线相交处的 KZ1 的表示方法。

2) 列表注写方式

列表注写方式是在柱平面布置图上,分别在同一编号的柱中,选择一个或几个截面标注与轴线关系的几何参数代号,通过列表注写柱号、柱段起止标高、几何尺寸(包括柱截面对轴线的偏心情况)与钢筋配置的具体数值,并配以各种柱截面形状及其箍筋类型图说明箍筋形式的方式来表达柱平法施工图。如图 8-27 所示为柱平面施工图列表注写方式。

列表注写包括以下一些内容。

(1)注写编号。编号由类型代号和序号组成,不同的类型柱编号应符合表 8-10 的规定。

表 8-10　柱编号

柱　类　型	代　号	序　号	柱　类　型	代　号	序　号
框架柱	KZ	××	梁上柱	LZ	××
框支柱	KZZ	××	剪力墙上柱	QZ	××
芯柱	XZ	××			

(2)注写各段柱的起止标高。通常自柱底部向上,已变截面位置或截面未变但钢筋配置变化处为界分段注写。框架柱和框支柱的底部标高是指基础顶面的标高,梁上柱的底部标高是指梁顶面标高,剪力墙上柱的底部标高分两种情况:① 当柱纵向钢筋锚固在墙顶面时,其底部标高为墙顶面标高;② 当柱与剪力墙重叠一层时,其底部标高为墙顶面往下一层的结构层楼面标高。

(3)注写柱截面尺寸 $b×h$ 及与轴线关系的几何参数代号 b_1、b_2 和 h_1、h_2 的具体数值。其中,$b=b_1+b_2$,$h=h_1+h_2$。

(4)注写柱纵筋。纵筋一般分角筋、截面 b 边中部钢筋和 h 边中部钢筋分别注写(采用对称配筋的可仅注写一侧中部钢筋,对称边省略不写)。当为圆柱时,表中角筋一栏注写全部纵筋。

(5)注写箍筋类型号。具体工程所设计的各种箍筋的类型图,应画在表的上部或图中适当的位置,并在其上标注与表中相对应的 b、h 和类型号。

(6)注写箍筋。包括钢筋级别、直径与间距。标注时用"/"区分箍筋加密区与非加密区长度范围内的不同间距。

2. 柱平法施工图识读要点

(1)了解图名、比例。

(2)核对轴线编号及其间距尺寸是否与建筑图、基础平面图相一致。

(3)与建筑图相配合,明确各类型柱的编号、数量及位置。

(4)通过结构设计说明或柱的施工说明,明确柱的材料及等级。

(5)根据柱的编号,查阅截面标注图或柱表,明确各类型柱的标高、截面尺寸以及钢筋配置情况。

(6)根据抗震等级、设计要求和标准构造详图(查阅平法标准图集),确定纵向钢筋和箍筋的构造要求,如纵向钢筋的连接方式、搭接长度、弯折要求、锚固要求、箍筋加密区的范围等。

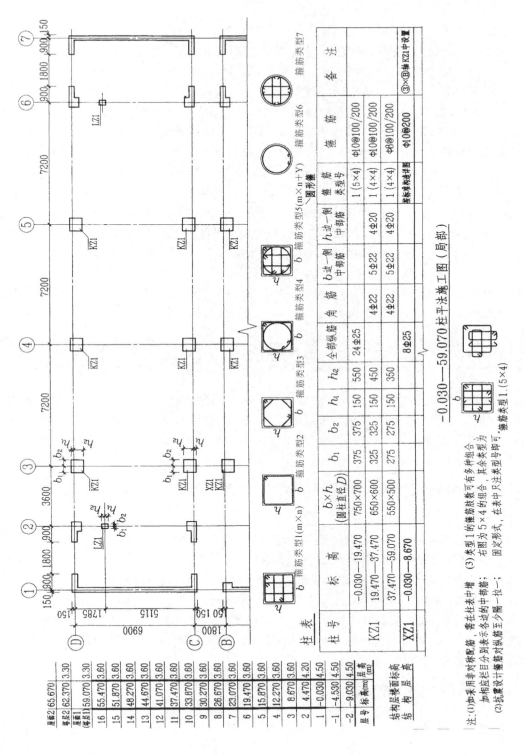

图8-27 柱平法施工列表注写方式

3．柱平法施工图的识读

1）截面注写方式

如图 8-26 所示分别表示了框架柱、梁上柱的截面尺寸和配筋。图中编号 KZ1 的框架柱所标注的 650 mm×600 mm 表示柱的截面尺寸，其 4φ22 表示角筋为 4 根直径为 22 mm 的 HRB335 钢筋，φ10@100/200 则表示箍筋为直径 10 mm 的 HPB300 钢筋，其间距在加密区为 100 mm，非加密区为 200 mm。柱界面图的上部标注的 5φ22，表示 b 边一侧配置的中部钢筋，图的左侧标注的 4φ20，表示 h 边一侧配置的中部钢筋。由于柱截面配筋对称，所以在柱截面图的下部和右侧的标注省略。图中编号 LZ1 的梁上柱的截面尺寸是 250 mm×300 mm，纵向钢筋为 6 根直径为 16 mm 的 HRB335 钢筋，箍筋为直径为 8 mm 的 HPB300 钢筋，其间距为 200 mm。

2）列表注写方式

如图 8-27 所示柱表中柱号 KZ1 标高 -0.030 至 19.470 段，柱的截面尺寸为 750 mm×700 mm，柱中心在③轴上，偏离①轴 200 mm。柱表中柱号 KZ1 标高 -0.030 至 19.470 段，当柱纵筋直径相同，各边根数也相同时，将纵筋注写在"全部纵筋"一栏中，此处柱纵筋为 24φ25。柱表中 KZ1 标高 19.470 至 37.470 段，柱纵筋的角筋为 4φ22、截面 b 边一侧配置的中部钢筋为 5φ22 和 h 边一侧配置的中部钢筋为 4φ20。图中φ10@100/200 表示箍筋为直径 10 mm 的 HPB300 钢筋，其加密区间距为 100 mm，非加密区间距为 200 mm。当箍筋沿柱全高为一种间距时，则不使用"/"线。

三、梁平法施工图的识读

梁平法施工图是采用平面注写方式或截面注写方式表达的梁平面布置图，分别按梁的不同结构层（标准层），将全部梁和与其相关联的柱、墙、板一起采用适当比例绘制，并按规定注明各结构层的顶面标高及相应的结构层号。对于轴线未居中的梁，还要标注其偏心定位尺寸，贴柱边的梁可不标注。

（一）梁平法施工图识读内容和要点

（1）了解图名、比例。

（2）核对轴线编号及其间距尺寸是否与建筑图、基础平面图、柱平面图相一致。

（3）与建筑图配合，明确各梁的编号、数量及位置。

（4）通过阅读结构设计说明或梁的施工说明，明确梁的材料及等级。

（5）明确各类型梁的标高、截面尺寸及钢筋配置情况。

（6）根据抗震等级、设计要求和标准构造详图（查阅平法标准图集），确定纵向钢筋、箍筋和吊筋的构造要求，如纵向钢筋的连接方式、搭接长度、弯折要求、锚固要求，箍筋加密区的范围，附加箍筋和吊筋的构造等。

（二）梁的平面表示方法

1．平面注写方式

梁平面注写方式是指在梁平面布置图上，分别在每一种编号的梁中选择一根梁，在其上注写截面尺寸和配筋具体数值。梁的平面注写方式包括集中标注和原位标注。集中标注表达梁的通用数值,原位标注表达梁的特殊数值。当梁的某部位不适用集中标注中的某项数值时,则在该部位将该项数值原位标注。在施工时中,原位标注取值优先。

梁采用集中标注时,用索引线将梁的通用数值引出,在跨中集中标注一次,其内容包括 5 项必注值和 1 项选注值,内容自上而下分行注写,如图 8-28 所示。

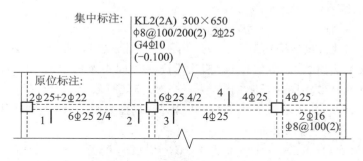

图 8-28　梁平面注写方式

2. 梁截面注写方式

图 8-29 四个梁截面是采用传统表示方法绘制,用于对比平面注写方式表达的同样内容。实际采用平面注写方式表达时,不需绘制梁截面配筋图和图 8-28 中的相应截面号。

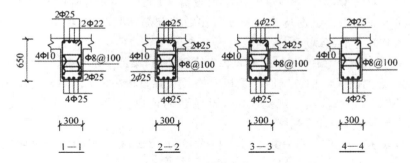

图 8-29　梁的截面配筋图

梁编号由梁类型代号、序号、跨数及有无悬挑代号等几项组成,应符合表 8-11 的规定。

表 8-11　梁编号

梁　类　型	代号	序号	跨数及是否带有悬挑	备　注
楼层框架梁	KL	××	(××)、(××A)或(××B)	
屋面框架梁	WKL	××	(××)、(××A)或(××B)	
框支梁	KZL	××	(××)、(××A)或(××B)	(××A)为一端有悬挑
非框架梁	L	××	(××)、(××A)或(××B)	(××B)为两端有悬挑
悬挑梁	XL	××	(××)、(××A)或(××B)	悬挑不计入跨数
井字梁	JZL	××		

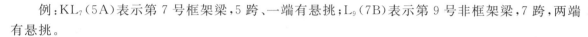

例：KL₇(5A)表示第 7 号框架梁,5 跨、一端有悬挑;L₉(7B)表示第 9 号非框架梁,7 跨,两端有悬挑。

1)梁集中标注

梁集中标注的内容,有五项必注值及一项选注值(集中标注可从梁的任意一跨引出),规定如下。

(1)第一项:梁编号(见表 8-11)。

(2)第二项:梁截面尺寸 $b \times h$(宽×高)。

(3)第三项:梁箍筋,包括钢筋级别、直径、加密区与非加密区间距及肢数。箍筋加密区与非加密区的间距及肢数用斜线"/"分隔;当梁箍筋为同一种间距及肢数时,则不需用斜线;当加密区与非加密区的箍筋肢数相同时,则将肢数注写一次;箍筋肢数应注写在括号内。

例:Φ10@100/200(4),表示箍筋为 HPB300 钢筋,直径为 10 mm,加密区间距为 100 mm,非加密区间距为 200 mm,均为四肢箍。

又例:Φ8@100(4)/150(2),表示箍筋为 HPB300 钢筋,直径 8 mm,加密区间距为 100 mm,四肢箍;非加密区间距为 150 mm,两肢箍。

(4)第四项:梁上部通长筋或架立筋。规格与根数应根据结构受力要求及箍筋肢数等构造要求而定。当同排纵筋中既有通长筋又有架立筋时,应用加号"+"将通长筋和架立筋相连。注写时须将角部纵筋写在加号的前面,架立筋写在加号后面的括号内,以示不同直径及与通长筋的区别。当全部采用架立筋时,则将其写入括号内。

例:2Φ22 用于双肢箍,2Φ22+4Φ12 用于六肢箍。其中 2Φ22 为通长筋,4Φ12 为架立筋。

当梁的上部纵筋和下部纵筋均为通长筋且多数跨配筋相同时,此项可加注下部纵筋的配筋值,用分号";"将上部与下部纵筋的配筋值分隔开来。

例:"3Φ22;3Φ20"表示梁的上部配置 3Φ22 的通长筋,梁的下部配置 3Φ20 的通长筋。

(5)第五项:梁侧面纵向构造钢筋或受扭钢筋。当梁腹板高度 $h_w \geqslant 450$ mm 时,需配置纵向构造钢筋,所注规格与根数应符合规范规定。此项注写值以大写字母 G 打头,接续注写设置在梁两个侧面的总配筋值,且对称配置。

例:G4Φ12,表示梁的两个侧面共配置 4 根直径为 12 mm 的 HRB335 纵向构造钢筋,每侧各配置 2Φ12。

当梁侧面需配置受扭纵向钢筋时,此项注写值以大写字母 N 打头,接续注写配置在梁两个侧面的总配筋值,且对称配置。受扭纵向钢筋应满足梁侧面纵向构造钢筋的间距要求,且不再重复配置纵向构造钢筋。

例:N6Φ22,表示梁的两个侧面共配置 6Φ22 的受扭纵向钢筋每侧各配置 3Φ22。

(6)第六项:梁顶面标高高差。梁顶面高差,是指相对于结构层顶面标高的高差值。有高差时,必将其写入括号内,无高差时不标注。当某梁的顶面高于所在结构层的楼面标高时,其标高高差为正值,反之为负值。

以上六项中,前五项为必注值,第六项为选注值。现以图 8-28 中的集中标注为例,说明各项标注的意义。

KL₂(2A)——第 2 号框架梁,两跨,一端有悬挑。

300×650——梁的截面尺寸,宽度为 300 mm,高度为 650 mm。

Φ8@100/200(2)——梁内箍筋为 HPB300 钢筋,直径 8 mm,加密区间距为 100 mm,非加密

区间距为 200 mm,两肢箍。

2 Φ25——梁上部有两根通长筋,直径 25 mm,HRB335 钢筋。

G4 Φ10——梁的两个侧面共配置 4 Φ10 的纵向构造钢筋,每侧各配置 2 Φ10。

(—0.100)——该梁顶面低于所在结构层的楼面标高 0.1 m。

2)梁原位标注

(1)梁支座上部纵筋。

① 当上部纵筋多于一排时,用斜线"/"将各排纵筋自上而下分开。

例:梁支座上部纵筋注写为 6 Φ25 4/2,则表示上一排纵筋为 4 Φ25,下一排纵筋为 2 Φ25。

② 不同排纵筋有两种直径时,用加号"+"将两种直径相连,注写时将角部纵筋写在前面。

例:梁支座上部有四根纵筋,2 Φ25 放在角部,2 Φ22 放在中间,在梁支座上部应注写为 2 Φ25+2 Φ22。

③ 当梁中间支座两边的上部纵筋不同时,须在支座两边分别标注;当梁中间支座两边的上部纵筋相同时,可仅在支座的一边标注配筋值,另一边省去不注(见图 8-28)。

(2)梁下部纵筋。

① 当下部纵筋多于一排时,用斜线"/"将各排纵筋自上而下分开。

例:梁下部纵筋注写为 6 Φ25 2/4,则表示上一排纵筋为 2 Φ25,下一排纵筋为 4 Φ25,全部伸入支座。

② 当同排纵筋有两种直径时,用加号"+"将两种直径的纵筋相连,注写时角筋写在前面。

③ 当梁下部纵筋不全部伸入支座时,将梁支座下部阶段筋减少的数量写在括号内。

例:梁下部纵筋注写为 6 Φ25 2(—2)/4,则表示上排纵筋为 2 Φ25,且不伸入支座;下一排纵筋为 4 Φ25,全部伸入支座。

又例:梁下部纵筋注写为 2 Φ25+3 Φ22(—3)/5 Φ25,则表示上排纵筋为 2 Φ25 和 3 Φ22,其中 3 Φ22 不伸入支座;下一排纵筋为 5 Φ25,全部伸入主支座。

④ 当梁的集中标注中已按上述规定分别注写了梁上部和下部均为通长的纵筋值时,则不需在梁下部重复做原位标注。

(3)附加箍筋和吊筋。

附加箍筋和吊筋可直接画在平面图中的主梁上,用线引注总配筋值(见图 8-30)。当多数附加箍筋或吊筋相同时,可在梁平法施工图上统一注明,少数与统一注明值不同时,再原位引注。

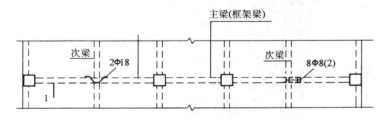

图 8-30 附加箍筋和吊筋的画法示例

当在梁上集中标注的内容不适用于某跨或某悬挑部位时,则将其不同数值原位标注在该跨或该悬挑部位,施工时应按原位标注数值取用。

梁的原位标注和集中标注的注写位置及内容见图 8-31。梁的原位标注和集中标注的识读见图 8-28。图中第一跨梁上部原位标注代号 $2\Phi25+2\Phi22$，表示梁上部配有一排纵筋，角部为 $2\Phi25$，中间为 $2\Phi22$。下部代号 $6\Phi25$ 2/4，表示该梁下部纵筋有两排，上一排为 $2\Phi25$，下一排为 $4\Phi25$。图中第一、二跨梁内箍筋配置见集中标注，悬挑跨梁内箍筋有所不同，同原位标注中 $\Phi8@100(2)$，表示该悬挑箍筋间距全部为 100 mm，双肢箍。

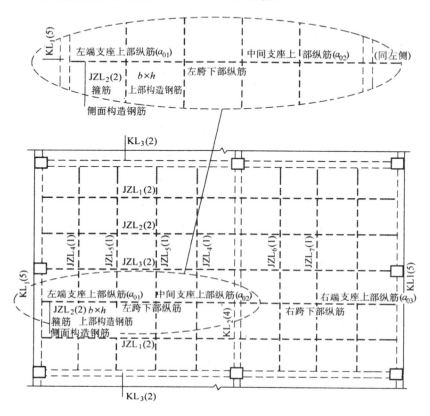

图 8-31　梁的标注注写位置及注写内容

梁平法施工图平面注写方式示例见图 8-32，读者可根据上述制图规则，识读施工图中各标注符号的意义。

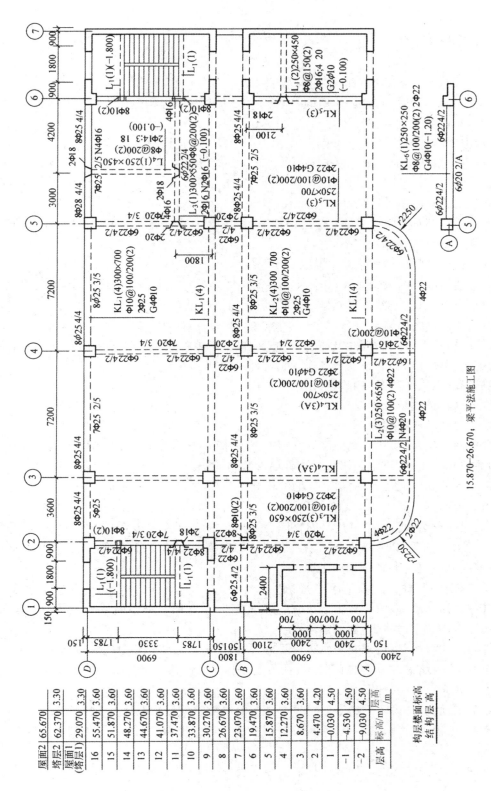

图 8-32　梁平法施工图平面注写方式示例

项目小结

本项目主要根据国家标准《建筑结构制图标准》(GB/T 50105—2010)的部分内容,介绍了结构施工图关于承重构件的布置,使用的材料、形状,大小及内部构造的工程图样,是承重构件以及其他受力构件施工的依据。

1. 结构施工图包括结构设计总说明、结构平面图以及构件详图等。

2. 结构施工图的阅读顺序可按下列步骤进行。

(1)阅读结构设计说明。

(2)阅读基础平面图、详图与地质勘察资料。

(3)阅读柱平面布置图。根据对应的建筑平面图校对柱的布置是否合理,柱尺寸、柱断面尺寸与轴线的关系尺寸有无错误。

(4)阅读楼层及屋面结构平面布置图。

(5)按前述的施工图识读方法,详细阅读各平面图中的每一个构件的编号、断面尺寸、标高、配筋及其构造详图,并与建筑施工图结合,检查有无错误与矛盾。

(6)在前述阅读结构施工图中,涉及采用标准图集时,应详细阅读规定的标准图集。

3. 楼层结构平面图,也称楼层结构平面布置图,是假想将建筑物沿楼板面水平剖开后所得的水平剖面图,是施工时布置或安放各层承重构件的依据。

4. 钢筋混凝土构件详图的主要内容如下。

(1)构件名称或代号、比例。

(2)构件定位轴线及其编号。

(3)构件的形状、尺寸和预埋件代号及布置(模板图),构件的配筋(配筋图)。当构件外形简单、又无预埋件时,一般用配筋图来表示构件的形状和配筋。

(4)钢筋尺寸和构造尺寸,构件底面的结构标高。

(5)施工说明等。

5. 钢筋混凝土结构目前常采用平面整体表示法即平法绘制,平法制图的表达方式,是把结构构件的尺寸和配筋等,以整体的形式直接表达在该构件的结构平面布置图上,再与标准构造详图配合,即构成一套完整的结构施工图。

平法施工图注写方法有以下几种。

(1)柱截面注写法:截面注写法指在柱平面布置图上,在同一编号的柱中选择一个截面,直接在截面上注写截面尺寸和配筋的具体数值。

(2)柱列表注写法:指在柱的平面布置图上,分别在同一编号的柱中选择一个或几个截面形状画在表格中,并在表格中注写柱的编号、柱段起止标高、几何尺寸和配筋的具体数值,通过表格来查找柱子配筋。

(3)梁的平面注写方式:梁的平面注写方式是指在梁平面布置图上,分别在每一种编号的梁中选择一根梁,在其上注写截面尺寸和配筋具体数据。梁的平面注写方式包括集中标注和原位标注。

(4)梁的截面注写方式:梁的截面是采用传统表示方法绘制,用于对比平面注写方式表达的同样内容。

项 目 9

装饰施工图

学习目标

知识目标

（1）了解建筑装饰施工图的内容。

（2）掌握建筑装饰施工图的绘图方法。

能力目标

（1）能识读建筑装饰施工图。

（2）能绘制建筑装饰施工平面图、立面图和详图。

任务 1 装饰平面图

装饰施工是建筑施工的延续，通常在建筑主体结构完成后进行。

建筑室内装饰施工图是建筑室内设计的成果。室内设计是建筑设计的有机组成部分，是建筑设计的继续和深化，它与建筑设计的概念在本质上是一样的。室内设计是在了解建筑设计意图的基础上，运用室内设计手段，对其加以丰富和发展，创造出理想的室内空间环境。

室内装饰施工图主要表达丰富的造型构思、先进的施工材料和施工工艺等。

装饰施工图一般包括图纸目录、装饰施工说明、平面布置图、楼地面装饰平面图、顶棚平面图、墙(柱)装饰立面图以及必要的细部装饰节点详图等内容。

装饰平面图包括平面布置图和顶棚平面图,常用比例有 1∶50、1∶100 等。

为使图面清晰简化,在装饰平面图中,常用图例来表示各常用设施及其构配件。装饰材料图例只反映画法,对其尺度比例不做具体规定。表 9-1 是人们习惯用的图例(一般以象形、简化为原则),供参考。如自己另设有图例表示,则应在平面图的适当位置列出,并不得与规定的图例重复。

表 9-1　内视符号图例表

序号	名　称	图　例	序号	名　称	图　例
1	生活给水管	—— J ——	14	妇女卫生盆	
2	热水给水管	—— RJ ——	15	立式小便器	
3	艺术吊灯		16	挂式小便器	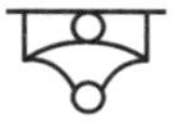
4	吸顶灯		17	蹲式大便器	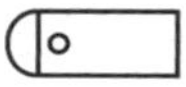
5	喷淋		18	方形地漏	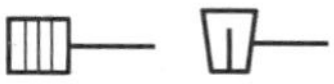
6	烟感	 S	19	带洗衣机插口地漏	
7	温感	 W	20	格栅射灯	
8	电视接口(正立面)		21	300×1200 日光灯盘 日光灯管以虚线表示	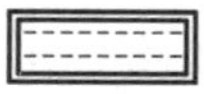
9	单联开关(正立面)				
10	双联开关(正立面)		22	红外双鉴探头	
11	三联开关(正立面)		23	吸顶式扬声器	
12	四联开关(正立面)		24	音量控制器	
13	盥洗盆	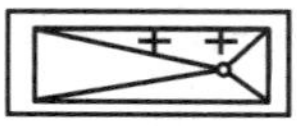	25	单联单控翘板开关	

续表

序号	名　称	图　例	序号	名　称	图　例
26	双联单控翘板开关		31	小便槽	
27	三联单控翘板开关		32	引水器	
28	四联单控翘板开关		33	淋浴喷头	
29	声控开头		34	雨水口	
30	坐式大便器				

一、平面布置图

平面布置图,简称平面图,是根据室内设计原理中的使用功能、精神功能、人体工程学以及使用者的要求等,对室内空间进行布置的图样。由于空间的划分、功能的分区是否合理会直接影响到使用的效果和精神的感受,因此,在室内设计中首先要绘制室内平面的布置图。

以住宅为例,平面布置图需要表达的内容如下:建筑主体结构,如墙、柱、门窗、台阶等;各功能空间(如客厅、餐厅、卧室等)的家具,如沙发、餐桌、餐椅、酒柜、衣柜、梳妆台、床、书柜、茶几、电视柜等的形状、位置;厨房、卫生间的橱柜、操作台、洗手台、浴缸、坐便器等的形状、位置;各种家电的形状、位置,以及各种隔断、绿化、装饰构件等的布置;标注建筑主体结构的开间和进深等尺寸,主要的装饰尺寸,必要的装饰要求等。

例 9-1 内视符号的识读。

为了表示室内立面在平面图上的位置,应在平面布置图上用内视符号注明视点位置、方向及立面编号,如图 9-1 所示。

图 9-1　内视符号

符号中的圆圈应用细实线绘制,根据图面比例圆圈直径可选择 8～12 mm。立面编号宜用拉丁字母或阿拉伯数字。相邻 90°的两个方向或三个方向,可用多个单面内视符号或一个四面内视符号表示,此时四面内视符号中的四个编号格内,只根据需要标注两个或三个即可。

如果所画出的室内立面图与平面布置图不在同一张图纸上时,则可以参照索引符号的表示方法,在内视符号圆内画一细实线水平直径,上方注写立面编号,下方注写立面图所在图纸编号,如图 9-2 所示。

图 9-2　立面图与平面图不在同一张图纸上时的内视符号

例 9-2　平面布置图的识读。

图 9-3 所示是某三室一厅住宅的平面布置图。

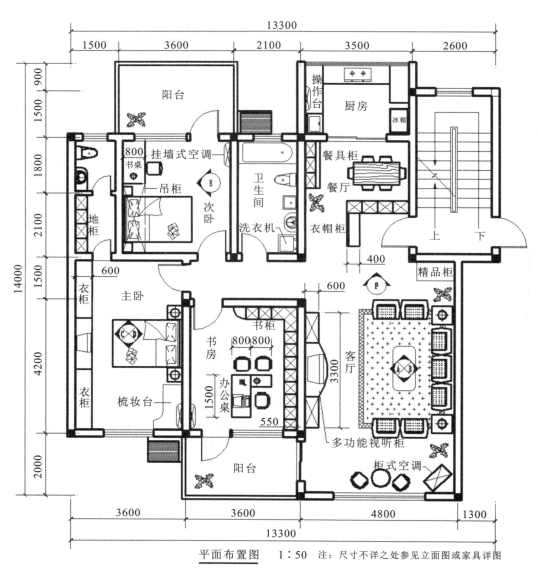

平面布置图　1∶50　注：尺寸不详之处参见立面图或家具详图

图 9-3　平面布置图

该住宅是由主卧、次卧、书房、客厅、餐厅、厨房、阳台和卫生间组成,图中标注了各功能房间的内视符号。

客厅是家庭生活和接人待客的中心,主要有沙发、茶几、视听电器柜、空调机等家具和设备。

餐厅是家庭成员进餐的空间,主要有餐桌、餐椅、隔断、餐具柜等家具,隔断的作用是阻挡客厅视线,进行空间的分隔。

书房是学习、工作的场所,主要有简易沙发、茶几、力公桌椅、书柜、电脑等家具和设备,该书房南面有一阳台,具有延伸、宽敞、通透的感觉。

主卧室主要有床、床头柜、组合衣柜(与电视机柜、影碟机柜等组合使用),桌椅等家具和设备,该卧室内置挂墙式空调机,位置与书房内的空调机相对。主卧室还有一卫生间,内有地柜、洗面盆、坐便器等。

次卧室主要有床、床头柜、桌椅、挂墙式空调机等家具和设备,北边与阳台相连。

厨房主要有洗菜盆、操作台、橱柜、电冰箱、灶台等,均沿墙边布置,操作台之上有一挂墙式空调机。

卫生间内有洗衣机、洗面盆、洗涤池、坐便器、浴盆等。

可以看出,平面布置图与建筑平面图相比,省略了门窗编号和与室内布置无关的尺寸标注,增加了各种家具、设备、绿化、装饰构件的图例。这些图例一般都是简化的轮廓投影,并且按比例用中粗实线画出,对于特征不明显的图例用文字注明它们的名称。一些重要或特殊的部位需标注出其细部或定位尺寸。为了美化图面效果,还可在无陈设品遮挡的空余部位画出地面材料的铺装效果。由于表达的内容较多较细,一般都选用较大的比例作图,通常选用 1:50。

二、楼地面装饰图

例 9-3 楼地面装饰图的识读。

楼地面是使用最为频繁的部位,而且根据使用功能的不同,对材料的选择、工艺的要求、地面的高差等都有着不同的要求。楼地面装饰主要是指楼板层和地坪层的面层装饰。

楼地面的名称一般是以面层的材料和做法来命名的,如面层为花岗岩石材,则称为花岗岩地面,面层为木材,则称为木地面,木地面中按其板材规格又分为条木地面和拼花木地面。

楼地面装饰图主要表达地面的造型、材料的名称和工艺要求。对于块状地面材料,用细实线画出块材的分格线,并设定基准点,以此表示施工时的铺装方向,还需标注材料的排布尺寸,及非整块材料的位置。对于台阶、基座、坑槽等特殊部位还应画出剖面详图,表示构造形式、尺寸及工艺做法。

楼地面装饰图不但作为施工的依据,同时也是作为地面材料采购的参考图样,楼地面装饰图的比例一般与平面布置图一致。

图 9-4 为对应于图 9-3 平面布置图的"地面装饰图",主要表达客厅、卧室、书房、厨房、卫生间等的地面材料和铺装形式,并注明所选材料的规格,有特殊要求的还应加详图索引或详细注明工艺做法等;在尺寸标注方面,主要标注地面材料的拼花造型尺寸、地面的标高等。

图中的客厅、餐厅过道等使用频繁的部位,应考虑其耐磨和清洁的需要,选用 600 mm×600 mm 的大理石块材进行铺贴。为避免色彩图案单调,又选用了边长为 100 mm 的暗红色正方形磨光花岗岩

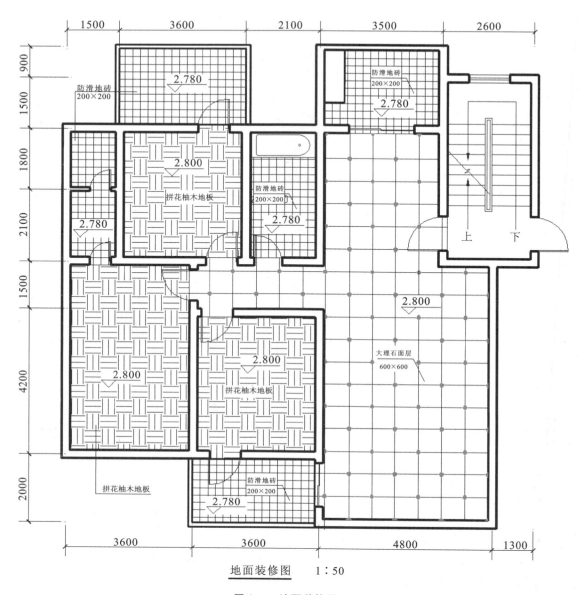

地面装修图　　1:50

图 9-4　地面装饰图

作为点缀。

卧室和书房为了营造和谐、温馨的气氛,选用拼花柚木地板。厨房、卫生间考虑到防滑的需要,采用 200 mm×200 mm 防滑地砖。

三、顶棚平面图

顶棚同墙面和楼地面一样,是建筑物的主要装饰部位之一。顶棚分为直接式顶棚和悬吊式顶棚两种。直接式顶棚是指在楼板(或屋面板)板底直接喷刷、抹灰或贴面;悬吊式顶棚(简称吊顶)是在较大空间和装饰要求较高的房间中,因建筑声学、保温隔热、清洁卫生、管道敷设、室内美观等特殊要求,常用顶棚把屋架、梁板等结构构件及设备遮盖起来,形成一个完整的表面。

顶棚平面图(表达室内顶棚的装饰等构造)通常用镜像投影法绘制。

当某些工程构造或布置在向下投影不易清楚表达时,如图 9-5 所示的梁、板、柱构造节点,其平面图会出现太多虚线,给看图带来不便。如果假想将一镜面放在物体的下面来替代水平投影面,在镜面中反射得到的视图,称为镜像视图,这种方法就称为镜像投影法。

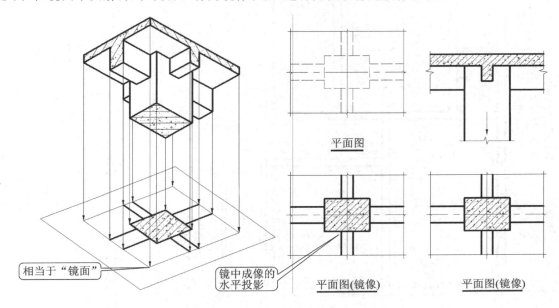

图 9-5　镜向投影法

■ **例 9-4**　顶棚平面图的识读。

顶棚平面图的主要内容有顶棚的造型(如藻井、跌级、装饰线等)、灯饰、空调风口、排气扇、消防设施(如烟感器等)的轮廓线、条块状饰面材料的排列方向线;建筑主体结构的主要轴线、编号或主要尺寸;顶棚的各类设施的定形定位尺寸、标高;顶棚的各类设施、各部位的饰面材料、涂料的规格、名称、工艺说明等;索引符号或剖面及断面等符号的标注。

藻井是中国建筑民族风格在室内装饰上的重要造型手段之一。常在顶棚中最显眼的位置作一个多角形或圆形或方形或其他形状的凹陷(实际上是空间升高)部分,然后进行描绘图案、安装灯饰等,从而通过这个部分产生精美华丽的视觉效果。图 9-6 中在客厅与餐厅都做了藻井处理。

由图 9-6 可以看出,次卧室、书房以及南北阳台的顶棚均做成乳胶漆饰面,表面标高 5.500,主卧室和书房顶棚的四周还用了 60 mm 宽的石膏顶棚线进行处理。卫生间和厨房的顶棚均做成长条扣板吊顶,表面标高 5.260。客厅和餐厅的顶棚做成石膏板吊顶,并用乳胶漆进行饰面,表面标高 5.200,客厅和餐厅顶棚的四周是用 60 mm 宽的实木顶棚线进行处理,在中间均做出了空间高度的变化(通过标高表示)。

各个房间的照明方式及灯具选择也均作了布置。南边主卧室采用了 2 盏 φ300 吸顶灯;书房

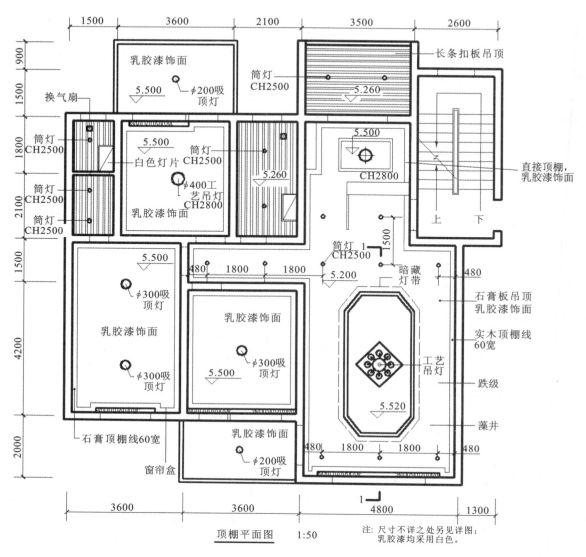

顶棚平面图　1:50

注: 尺寸不详之处另见详图;
乳胶漆均采用白色。

图 9-6　顶棚平面图

采用了 1 盏 φ300 吸顶灯;北卧室采用了 1 盏 φ400 工艺吊灯(型号为 CH2800);客厅中心采用了大型工艺吊灯,藻井周边内置暗藏灯带(虚线部位),客厅靠近南侧窗位置设置了 3 盏筒灯,在客厅与餐厅之间还有两排共 7 盏筒灯,筒灯的型号为 CH2500,餐厅选用了与北卧室相同的灯具;厨房与卫生间均采用了型号为 CH2500 的筒灯+白色灯片;南北阳台上的灯具各选择了 1 盏 φ200 吸顶灯。

图中还表达清楚了厨房和卫生间内换气扇的位置,各个房间的窗帘盒也进行了表示(这一部分构造一般都有详图表示)。

任务 2 装饰立面图

　　装饰立面图主要表示建筑主体结构中铅垂立面的装饰做法。对于不同性质、不同功能、不同部位的室内立面,其装饰的繁简程度差别比较大。

　　装饰立面图包括投影方向可见的室内轮廓线和装饰构造、门窗、构配件、墙面做法、固定家具、灯具、必要的尺寸和标高及需要表达的非固定家具、灯具、装饰物件等。装饰立面图不表示其余各楼层的投影,只重点表达室内墙面的造型、用料、工艺要求等。室内顶棚的轮廓线,可根据具体情况只表达吊平顶或同时表达吊平顶及结构顶棚。

例 9-5　　客厅 A 向立面图的识读。

　　图 9-7 是该住宅客厅沿 A 向所作出的立面图。由于室内立面的构造都较为细小,其作图比例一般都大于 1∶50,因此该立面图的作图比例为 1∶40。装饰立面图的主要内容有立面(墙、柱面)造型(如壁饰、套、装饰线、固定于墙身的柜、台、座等)的轮廓线、壁灯、装饰件等;吊顶棚及其以上的主体结构;立面的饰面材料、涂料名称、规格、颜色、工艺说明等;必要的尺寸标注;索引符号、剖面、断面的标注;立面两端墙(柱)的定位轴线编号。

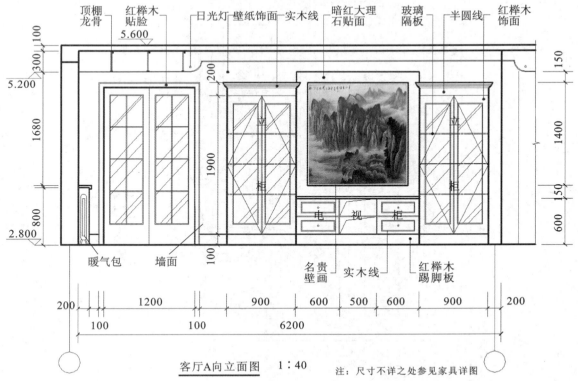

客厅A向立面图　　1∶40　　　注:尺寸不详之处参见家具详图

图 9-7　客厅 A 向立面图

任务 3 装饰详图

　　节点装饰详图指的是装饰细部的局部放大图、剖面图、断面图等。由于在装饰施工中常有一些复杂或细小的部位,在上述平、立面图中未能表达或未能详尽表达时,就需要用节点装饰详图来表示该部位的形状、结构、材料名称、规格尺寸、工艺要求等。虽然在一些设计手册中会有相应的节点装饰详图可以选用,但是由于装饰设计往往带有鲜明的个性,再加上装饰材料和装饰工艺做法的不断变化,以及室内设计师的新创意,因此,节点装饰详图在装饰施工图中是不可缺少的。

例 9-6　门装饰详图的识读。

　　在室内装饰中,门占有重要的地位。除门扇外,还有筒子板及贴脸等门套构造。门的装饰详图,不仅能够表达出门的立面特点,还能够详细表示清楚这些构造的形状、材料、规格、工艺要求等。如图 9-8 所示,门洞侧边共做了 3 个层次,最内层是用 40×50 木筋作为骨架,共 3 根,中间层是用 2 层大芯板(40 mm 厚)作为面层的基层,主要是加固和整平,最外层是筒子板,表面光

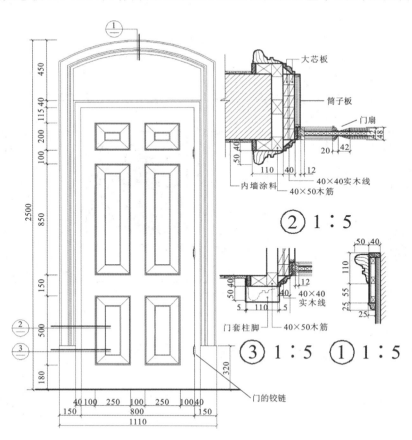

图 9-8　门的立面图及详图

滑富有质感,主要起美观的作用。其余构造,希望读者能够结合实际工作经验进行分析,这里不再赘述。

除了上述所分析的详图之外,装饰详图还包括顶棚节点详图、地面装饰详图、家具详图、卫生间详图和厨房详图(主要体现卫生设备及厨房设备的规格、尺寸、布置等情况)以及特殊部位的详图,其中有一些详图是可以参考某些标准图集选用,对于一些能反映装饰特色的详图,读者要根据本书所学习的投影知识以及有关国家标准进行识读。

项目小结

建筑装饰工程的内容主要是装饰结构与饰面,包括内、外墙、天棚、地面的造型与饰面,以及美化配置、灯光配置、家具配置,并由此产生了室内装饰的整体效果。有些工程还包括水电安装、空调安装及某些结构改动。可以说建筑室内装饰是实用美术和建筑技术两个领域的融合体,其装饰施工图,简称"饰施"或"室施",目前基本上是按正投影方法绘制的,并且套用建筑制图标准。

建筑装饰施工图是在一般建筑工程图的基础上更详细地表达出空间整体效果,图示了家具、陈设、织物、绿化的布置以及墙面、地面、顶棚的做法。主要有装饰平面图、装饰立面图、装饰剖面图及装饰详图,有些还配以效果图等。

参 考 文 献

［1］中华人民共和国住房和城乡建设部,中华人民共和国国家质量监督检验检疫总局.总图制图标准(GB/T 50103—2010)［M］.北京:中国建筑工业出版社,2011.

［2］中华人民共和国住房和城乡建设部,中华人民共和国国家质量监督检验检疫总局.建筑制图标准(GB/T 50104—2010)［M］.北京:中国计划出版社,2011.

［3］中华人民共和国住房和城乡建设部,中华人民共和国国家质量监督检验检疫总局.房屋建筑制图统一标准(GB/T 50001—2017)［M］.北京:中国建筑工业出版社,2018.

［4］中华人民共和国住房和城乡建设部,中华人民共和国国家质量监督检验检疫总局.建筑结构制图标准(GB/T 50105—2010)［M］.北京:中国建筑工业出版社,2011.

［5］中国建筑标准设计研究院.混凝土结构施工图平面整体表示方法制图规则和构造详图(现浇混凝土框架、剪力墙、梁、板)(16G101—1)［M］.北京:中国计划出版社,2016.

［6］中华人民共和国住房和城乡建设部,中华人民共和国国家质量监督检验检疫总局.混凝土结构设计规范(2015年版)［M］.北京:中国建筑工业出版社,2016.

［7］朱廷祥,龚斌,苏明.工程制图［M］.天津:天津大学出版社,2010.

［8］张彩凤,于秀开.建筑制图［M］.武汉:华中科技大学出版社,2013.

［9］吴海瑛.建筑工程制识图［M］.武汉:华中科技大学出版社,2015.

［10］何铭新,李怀健,郎宝敏.建筑工程制图［M］.5版.北京:高等教育出版社,2013.